STRATÈGES

NIVEAU 3

RÉSOLUTION DE PROBLÈMES mathématiques

Kevin Gueguen

RETZ
editions-retz.com

	Problèmes additifs	Problèmes multiplicatifs
Chapitre 1	Compositions d'états	Produit cartésien
Chapitre 2		
Chapitre 3	Transformations d'états	Comparaisons multiplicatives
Chapitre 4		
Chapitre 5	Comparaisons d'états	Configuration rectangulaire
Chapitre 6		
Chapitre 7	Compositions de transformations	
Chapitre 8		Proportionnalité
Chapitre 9	Compositions d'états	Produit cartésien
Chapitre 10		
Chapitre 11		Comparaisons multiplicatives
Chapitre 12	Transformations d'états	
Chapitre 13		Configuration rectangulaire
Chapitre 14	Comparaisons d'états	
Chapitre 15		Proportionnalité
Chapitre 16	Compositions de transformations	Proportionnalité composée
Chapitre 17		

Cet ouvrage suit l'orthographe recommandée par les rectifications de 1990
et les programmes scolaires.
Voir le site
http://www.orthographe-recommandee.info et son miniguide d'information.

Direction éditoriale : Céline Lorcher
Édition : Gabrielle Merizzi
Illustration de la couverture :
Mélanie Roubineau
Correction : Florian Berrouet
Maquette : Marylène Lhenri
Mise en page : STDI

N° de projet : 10261887
Dépôt légal : avril 2019 - N° 201912.0120
Achevé d'imprimer en France en janvier 2020 sur les presses de Chirat.

ISBN : 978-2-7256-3733-4
Dessins intérieurs : © Istock

PRÉSENTATION

Les programmes réaffirment régulièrement ce que chaque enseignant perçoit au quotidien : *« La résolution de problèmes est au centre de l'activité mathématique des élèves. »* Cela afin qu'ils développent leurs capacités à chercher, raisonner et communiquer. De fait, la résolution de problèmes arithmétiques permet aux enseignants d'avoir une vision globale de la maitrise des connaissances de leurs élèves dans tous les domaines des mathématiques, mais également dans celui du langage parlé et écrit.

UNE ACTIVITÉ COMPLEXE POUR LES ÉLÈVES ET LES ENSEIGNANTS

Cette activité complexe, qui voit s'entrelacer de multiples compétences mathématiques et langagières, qui demande le développement de stratégies expertes et des connaissances disciplinaires affirmées, des phases guidées et des phases autonomes, est une des plus ardues à mettre en œuvre au quotidien. Pourquoi ? Complexité de mise en place dans la classe ? Complexité de mise en place dans l'école ? Complexité pour articuler les niveaux, les cycles et les pratiques pédagogiques des enseignants avec cohérence, sans jamais rogner sur l'exigence que nous devons aux élèves.

UN OUTIL MÉTHODOLOGIQUE

Parce que nous voulons la réussite de tous nos élèves, en les amenant au plus haut niveau de maitrise des connaissances et compétences mathématiques, nous proposons cet outil méthodologique qui a pour ambition d'aider le professeur à enseigner le plus explicitement possible aux élèves comment résoudre quotidiennement des problèmes arithmétiques. Notre objectif est d'enseigner ces compétences simplement et concrètement, de donner aux élèves les connaissances, les démarches méthodologiques à mettre en œuvre et les stratégies efficaces afin qu'ils puissent à terme résoudre des problèmes de manière autonome et efficace. Dans cette optique, l'élève apprendra d'abord à résoudre de manière guidée et rassurante afin qu'au cours de sa scolarité, il développe progressivement des compétences mathématiques et langagières qui lui permettront d'aborder la difficulté de manière autonome et efficace. Le sens et les stratégies de résolution ne s'en construiront que plus solidement.

ACQUÉRIR UNE STRATÉGIE EFFICACE

Une stratégie efficace, au sens large, permet d'atteindre un but fixé en adaptant ses actions aux contraintes des situations. À l'école ou au collège, dans un problème arithmétique, il s'agira pour nos élèves d'analyser des sources d'informations en faisant émerger l'explicite et l'implicite de la situation tout en rendant visibles les liens qui structurent ces informations. Nos élèves doivent alors apprendre à comprendre un langage porteur d'informations et le traduire mathématiquement.

UNE PROGRESSIVITÉ STRUCTURÉE, DU CP À LA 6^{e}

Dans cette tâche complexe qu'est la résolution de problèmes arithmétiques, le dépassement de ces obstacles nécessitera un enseignement progressif et structuré de stratégies efficaces pour faire réussir tous nos élèves. Cette proposition de progressivité structurée des apprentissages nous permet, enseignants, de montrer le *« comment »*, d'expliquer le *« pourquoi »*, de guider *« pendant »*, sur un temps long, de l'école primaire au collège, pour voir nos élèves gagner en réussite et autonomie.

Les trois ouvrages de la collection « Stratèges » proposent un support cohérent et ambitieux, du Cours Préparatoire à la 6e, pour développer efficacement et simplement ces stratégies de résolution.

UN OUTIL QUI RESPECTE LE RYTHME D'APPRENTISSAGE DE CHAQUE ÉLÈVE

Notre expérience d'enseignants de terrain nous montre que tous nos élèves ont également besoin de temps pour découvrir les concepts, approfondir leurs connaissances, gagner en compréhension de l'abstraction, développer des automatismes et devenir de vrais stratèges en résolution de problèmes. Cet outil a été pensé en ce sens avec nos élèves afin que, dans tous les contextes éducatifs, chaque enseignant·e, chaque équipe, puisse y trouver des réponses pertinentes aux difficultés des élèves.

UN OUTIL POUR TOUS LES JOURS

La progressivité proposée est construite à partir d'une pratique quotidienne de la résolution de problèmes auprès d'élèves de tous niveaux et de profils variés. Ainsi, nous aborderons progressivement les structures additives et multiplicatives dès le CP pour les renforcer chaque année. De même, les opérations, les quantités et grandeurs mises en jeu sont abordées pas à pas et précocement pour prendre le temps de les consolider et de développer les connaissances et stratégies des élèves. Cette pratique quotidienne allie des apports théoriques sur la structuration du nombre, sur la modélisation, sur la typologie des problèmes arithmétiques, sur la mise en mémoire et l'explicitation avec la pratique et l'expérience enseignante ancrée dans le réel de la classe.

DES SCHÉMAS STRUCTURANTS ET SUPPORTS D'EXPLICITATION ORALE

Les schémas que nous utilisons, en plus d'être des intermédiaires structurants entre deux langages qui permettent la traduction d'un énoncé en une équation mathématique, sont des supports d'explicitation puissants pour les élèves et les enseignants. Ces schémas sont initialement basés sur les modèles théoriques de la typologie de G. Vergnaud :

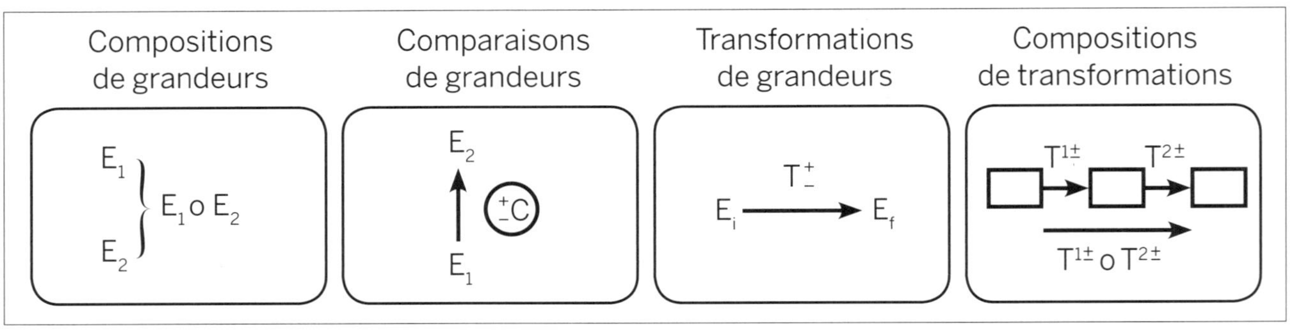

Afin de pouvoir être des aides au quotidien, ces schémas théoriques ont été adaptés afin qu'ils deviennent lisibles, simples et structurants pour l'enseignant. Ils peuvent alors devenir une proposition de support pour accompagner l'élève :

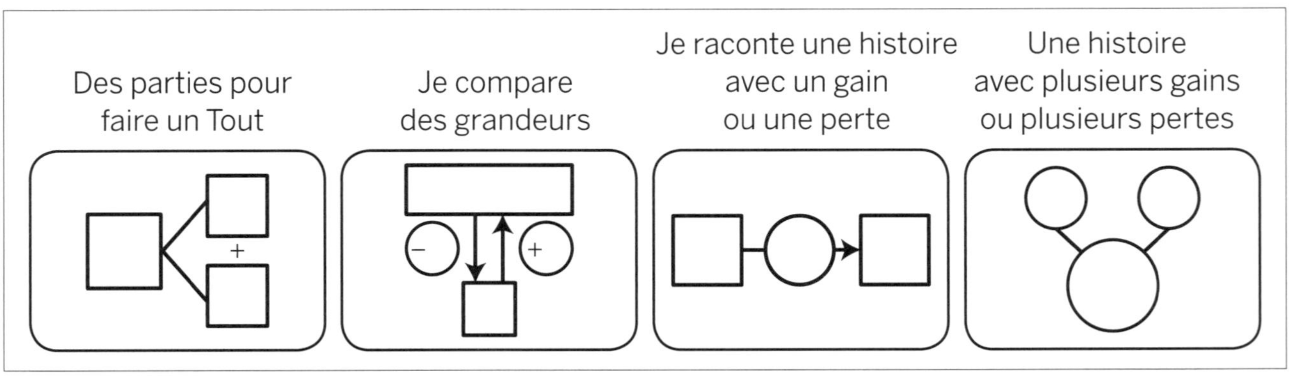

Ces supports facilitent l'engagement dans un dialogue construit et progressif, sur ce que le problème nous dit et sur ce qu'il ne nous dit pas. Ce dialogue d'explicitation professeur·e/élève permet d'enseigner et d'établir avec les élèves les stratégies de résolution optimales pour les problèmes arithmétiques.

Le dialogue d'explicitation se déroule en amont et en aval de l'activité de l'élève. Il s'agit pour l'enseignant, en utilisant le modèle schématique comme support de manipulation et d'explicitation, de guider et de questionner l'élève sur ce qu'il a compris, sur ce qu'il sait, sur les liens entre les éléments du problème et donc sur ce qu'il cherche. Cela afin de l'aider à mettre en place des raisonnements de plus en plus construits et d'établir des stratégies.

Support :
Schéma imprimé sur feuille A3 et plastifié
– Pour écrire au Velleda et se corriger
– Résistant !
– Complète et accompagne le fichier (au début avec les non-lecteurs)

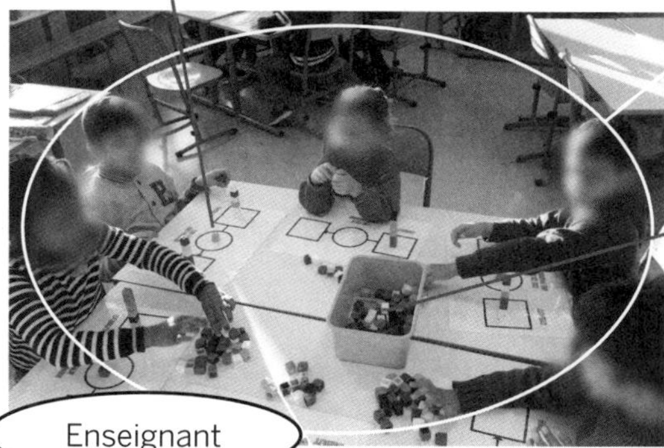

Groupe en cercle pour coopérer plus facilement.

Matériel de manipulation :
– Cubes emboitables
– Jetons/boites
– Barres et cubes en bois
– Réglettes
(Selon le matériel de la classe et les méthodes)

– Explique
– Valide
– Reformule et fait reformuler
– Questionne, etc.

Enseignant

Nous montrons et apprenons à l'élève comment expliquer en le faisant cheminer progressivement :
« Explique-moi le problème : Qu'est-ce que tu peux me dire avec tes mots ? Quelles informations as-tu ? S'est-il passé quelque chose dans ce problème ? Une action ? Que veut-elle dire ? Connais-tu des grandeurs ? Y a-t-il des liens entre ces grandeurs ? Que vas-tu chercher ? Comment penses-tu t'y prendre ? Avec quelle aide si besoin ? »
Entre chacune de ces questions, le dialogue permet de clarifier les connaissances des élèves et les stratégies à mettre en place. L'élève va intérioriser ces questionnements peu à peu.
Durant la validation de son travail, l'élève pourra être amené par l'enseignant à verbaliser ce qu'il vient de produire. Il y a ainsi une double validation : par l'écrit produit par l'élève et par l'oral avec la verbalisation des démarches. L'enseignant valide (ou non) tout en interrogeant l'élève sur ses procédures avec le schéma comme guide de questionnement.

SIX COMPÉTENCES MISES EN ŒUVRE

Chaque problème de ce fichier permet de travailler tous les domaines de la résolution de problèmes :

- la catégorisation des énoncés,
- la structuration logique du problème,
- la relation entre les nombres,
- la modélisation d'une situation,
- le calcul sur les grandeurs,
- et la production de réponses construites orales et écrites.

UNE ÉVALUATION POSITIVE DES COMPÉTENCES

La validation des productions de l'élève sera progressive, positive et motivante en rendant toujours visible les réussites. Chaque problème aura plusieurs points de validation : la compréhension de sa construction, sa modélisation, la nature du calcul sous-jacent (est-ce un problème additif ? multiplicatif ?), sa résolution par l'opération adaptée, la production de réponses orales ou écrites. À chaque chapitre est associée une ceinture à colorier qui viendra valider les productions et les réussites des élèves et matérialiser leurs progrès. Cette validation de la réussite est un puissant moteur de la confiance et de l'engagement de tous les élèves. De fait, cet ouvrage est conçu pour les enseignants comme un outil d'aide et d'analyse qui permet de mener, au quotidien, une évaluation continue et précise des productions des élèves. Ceux-ci sauront donc toujours où ils en sont dans leur cheminement.

Les ceintures de compétences
Tout comme F. Oury, l'auteur s'est inspiré de sa longue expérience de judoka. Les ceintures permettent aux enfants de représenter leur réussite et donc leur progression. À chaque chapitre terminé, l'élève colorie la ceinture qu'il vient d'atteindre et qui symbolise sa progression et sa réussite. Les ceintures peuvent aider l'enseignant à mieux gérer l'hétérogénéité de la classe en favorisant la coopération et le tutorat entre une ceinture élevée et un débutant. Avec ce dispositif, les enseignants peuvent, s'ils le souhaitent, mettre en place un affichage des ceintures dans la classe. Avec leurs prénoms comme étiquette, les élèvent savent toujours où ils en sont.

DES ACTIVITÉS LONGUEMENT TESTÉES DANS PLUSIEURS ÉCOLES

Cet ouvrage est le fruit d'une longue expérience de terrain :

Débuté en 2013 avec quelques classes de Cycle 2, le projet a mobilisé rapidement toutes les classes de l'école au fil des ans et concerne toute l'équipe pédagogique et les 24 classes actuelles. Cela représente plus de 1 350 élèves différents, plus de 2 700 heures de pratique sur tous les niveaux de classe pour l'auteur. Parallèlement à cela, des échanges fréquents entre collègues ont amenés de nombreuses écoles de la circonscription à adopter cette approche. Aujourd'hui, des enseignants, des élèves, des formateurs et des équipes pédagogiques de toutes les académies de France, de métropole et d'outre-mer, utilisent ce support.

Il permet à tous les élèves d'exercer au jour le jour leur vigilance mathématique à mesure que se développent et se renforcent les stratégies de résolution. Cela sans jamais céder sur la construction du sens des opérations et la compréhension fine des énoncés. Le schéma comme support d'explicitation et de construction du sens des opérations permet de bâtir solidement et progressivement, avec les élèves, les stratégies essentielles qui leur seront nécessaires. L'enchainement raisonné des structures proposées permet de mettre en place pas à pas des automatismes méthodologiques sur lesquels pourront s'appuyer nos élèves pour asseoir leurs compétences.
Nous souhaitons que cet ouvrage ambitieux, progressif et exigeant, puisse accompagner quotidiennement vos élèves et les mener comme les nôtres vers la réussite et la passion des mathématiques.

Kevin GUEGUEN

COMMENT UTILISER CE FICHIER ?

➡ Ce fichier peut s'utiliser en parallèle ou en complément des leçons et exercices de mathématiques de l'enseignant. Il viendra renforcer la pratique de classe en offrant une approche méthodologique structurée et un corpus conséquent de problèmes pour travailler de manière très spécifique.
➡ Dans un souci d'organisation et d'anticipation, l'enseignant peut proposer à chaque élève un livret individuel correspondant à un chapitre. Selon la progression de chacun, il pourra préparer à l'avance des chapitres pour les plus avancés. Ainsi, l'élève va construire petit à petit un recueil complet de son travail.
➡ Les élèves peuvent travailler seuls ou à plusieurs, selon la difficulté proposée et les objectifs de l'enseignant.
➡ La régularité est essentielle. Il est possible de prévoir plusieurs séances ritualisées par semaine. Selon les choix pédagogiques des enseignants, ces séances peuvent être organisées en atelier de quelques élèves, en demi-classe ou en classe entière.
➡ Deux modes de correction cohabitent : la correction individuelle directe pour cibler avec l'élève les éléments à travailler et étayer son travail, et le bilan de classe pour aborder les réussites et erreurs communes afin de préparer la séance suivante et adapter sa pratique de classe.
➡ Des élèves performants iront loin et vite. Ce support modulable le permet et ils finiront eux aussi par se confronter à une difficulté adaptée à leur niveau. L'acquisition de ceintures élevées leur permettra d'aider plus efficacement leurs camarades.

CHAPITRE 1

Résolution de problèmes

Dans ma trousse, il y a 8 feutres rouges et des feutres bleus. J'ai 12 feutres en tout. **Combien y a-t-il de feutres bleus ?**

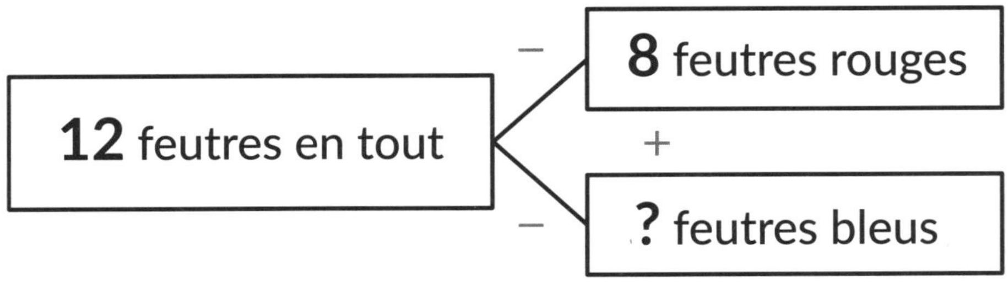

Dans ma trousse, il y a 8 feutres rouges.
Mon copain en a 4 de plus. **Combien a-t-il de feutres ?**

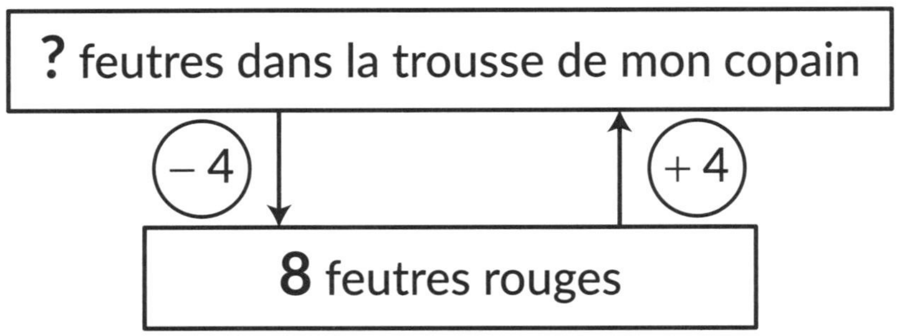

Dans ma trousse, j'ai ajouté 8 feutres rouges et j'ai 12 feutres maintenant. **Combien de feutres avais-je avant ?**

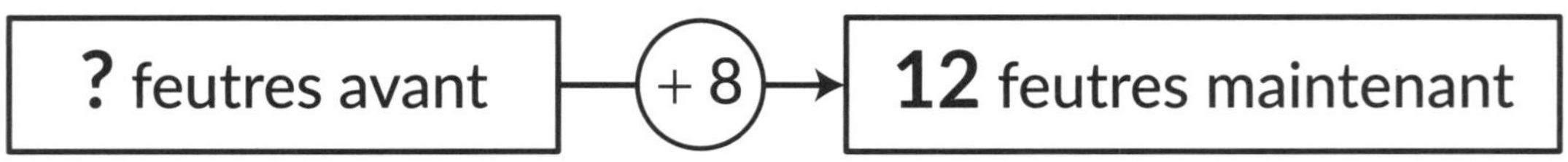

Dans ma trousse, j'ajoute 8 feutres rouges puis j'ajoute 4 feutres bleus. **Combien ai-je ajouté de feutres ?**

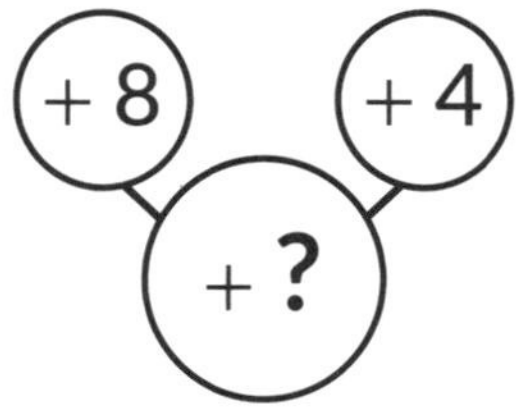

1

Il y a 543 passagers dans un TGV au départ. À la première gare, 124 passagers montent. À la deuxième, 319 descendent.

Combien y a-t-il de passager à bord du TGV désormais ?
Combien de passagers a-t-on perdu ?

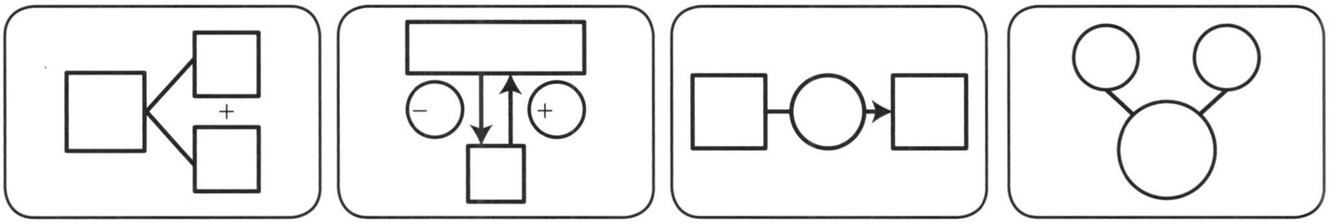

Phrase réponse :

2

La population d'Argenteuil était de 17 375 habitants en 1900. En l'an 2000, elle est de 104 282 habitants.

De combien d'habitants a-t-elle augmenté en 100 ans ?

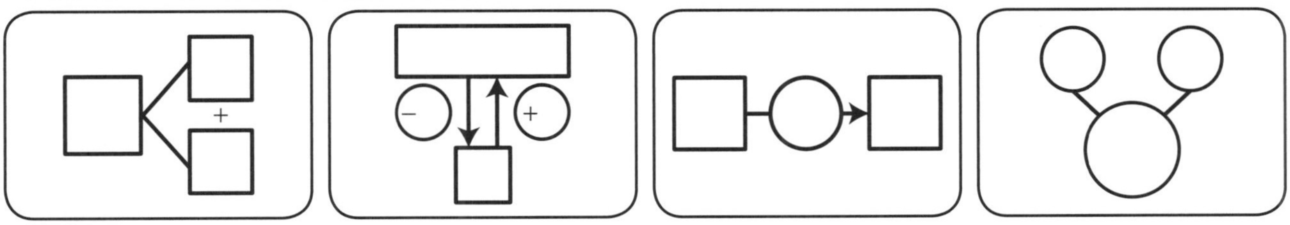

Phrase réponse :

3

Le maitre a commandé : des livres à 435,50 €, des paquets de feutres à 156,45 €, une carte du monde à 94,70 € et un aquarium à 127,85 €.

Quel est le montant total de sa commande ?

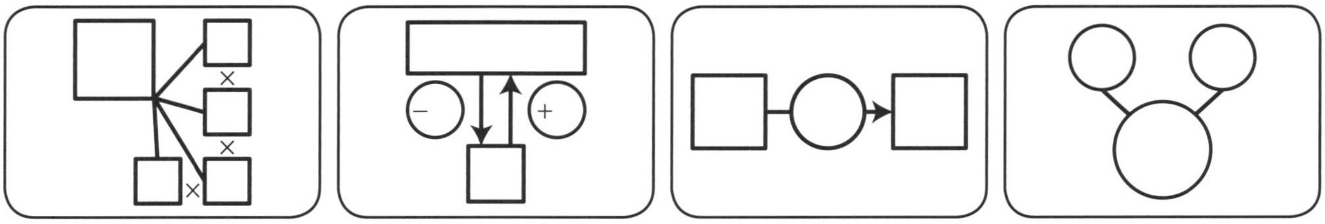

Phrase réponse :

4

Au total, mes achats m'ont couté 125,34 €.
Il y avait un chapeau à 28,35 €, une veste a 47,65 € et des gants à ... €.

Quel est le prix des gants ?

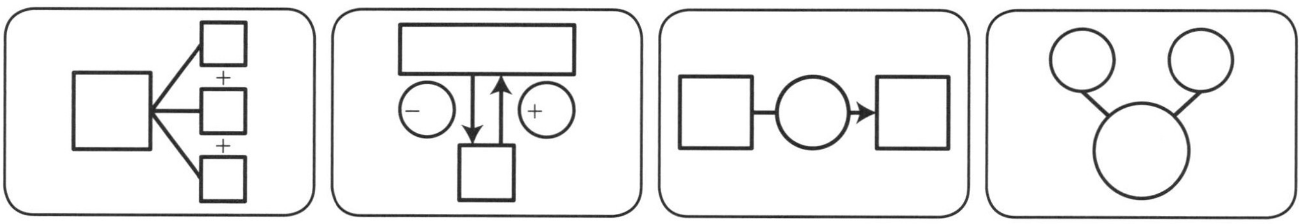

Phrase réponse :

5

Une voiture de course peut rouler à la vitesse de 397 km/h.
Un avion de chasse peut voler à la vitesse de 2 350 km/h.

De combien de km/h l'avion est il plus rapide que la voiture ?

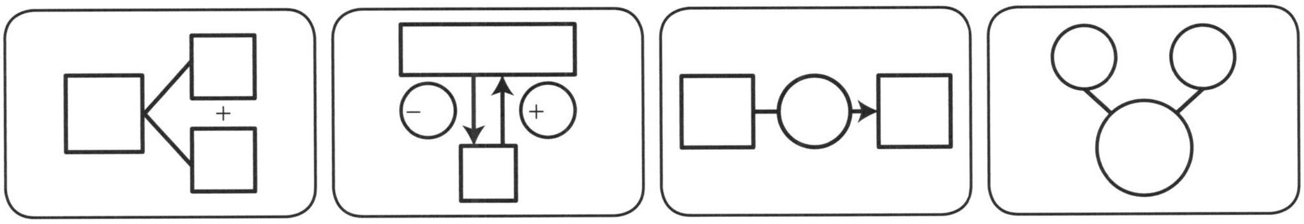

Phrase réponse :

6

Dans une raffinerie de pétrole, une citerne contient 325 600 litres d'essence.
Les employés vident 297 800 litres pour remplir des camions.

Combien reste-t-il d'essence dans la citerne ?

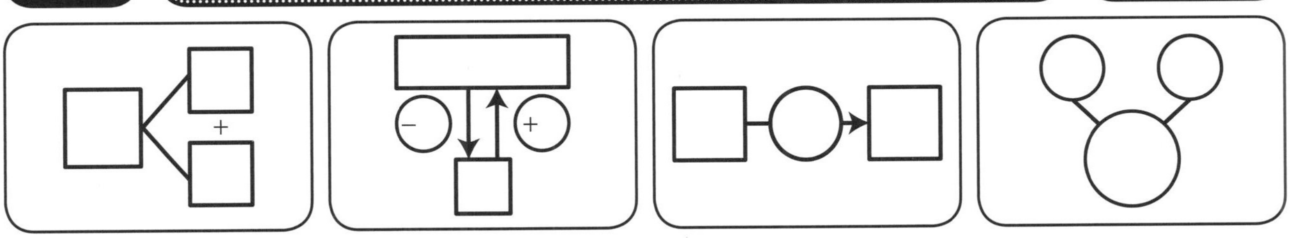

Phrase réponse :

7

En faisant mes comptes je remarque que j'ai dépensé 487,35 € aujourd'hui. Ce matin j'avais dépensé 158,75 €.

Combien ai-je dépensé cet après-midi ?

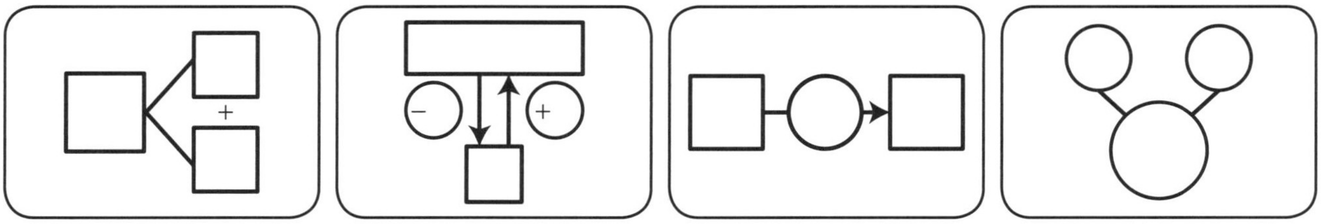

Phrase réponse :

8

Il y a actuellement 12 563 étudiants à l'université.
4 863 étudiants ont quitté l'université depuis la rentrée.

Combien y avait-il d'étudiants au début de l'année ?

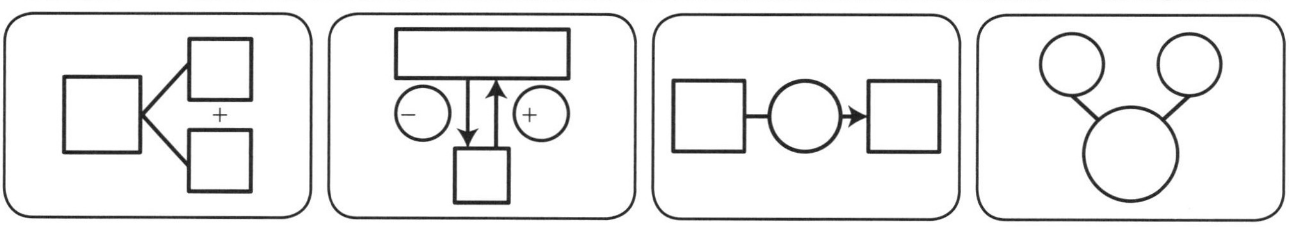

Phrase réponse :

I

Un terrain de football a une aire de 6 825 m².
Sa longueur est de 105 m.

Quelle est sa largeur ?

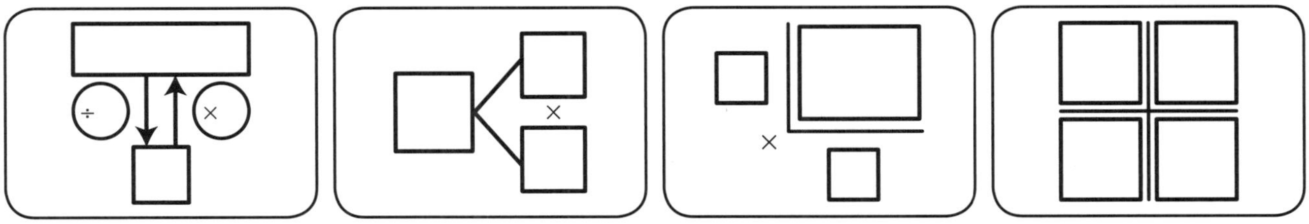

Phrase réponse :

II

Un appartement parisien est proposé avec un loyer de 1 230,50 € par mois.

Combien paiera-t-on pour une location de 18 mois ?

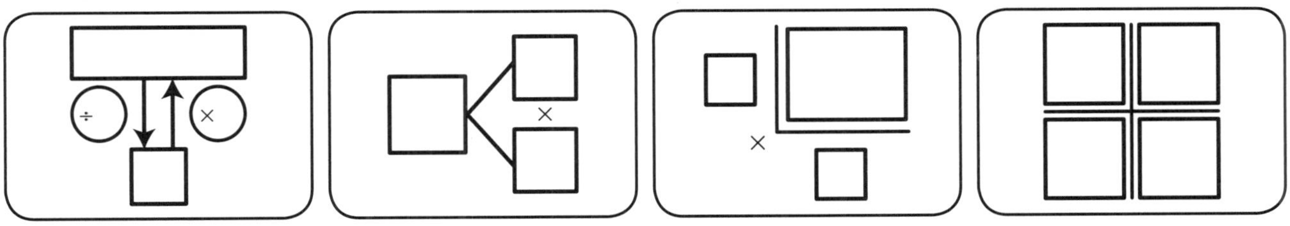

Phrase réponse :

III

Un lac à une superficie de 44 100 m^2.
Non loin de là, il y a un étang qui a une superficie de 980 m^2.

Cet étang est combien de fois moins grand que ce lac ?

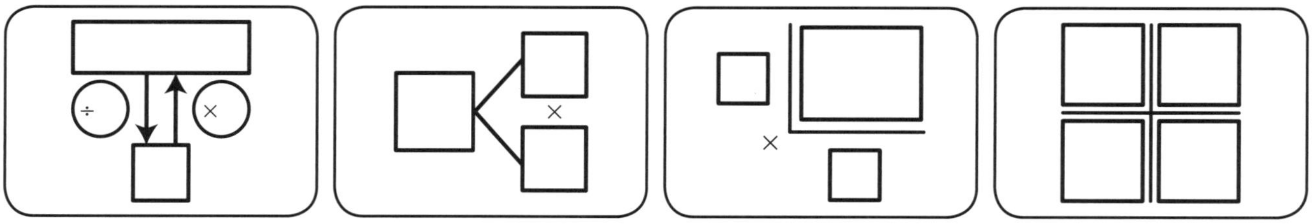

Phrase réponse :

IV

Il y a 425 élèves dans l'école. Les maitres et maitresses veulent partager les élèves équitablement pour avoir 25 élèves par classe.

Combien y a-t-il de classes ?

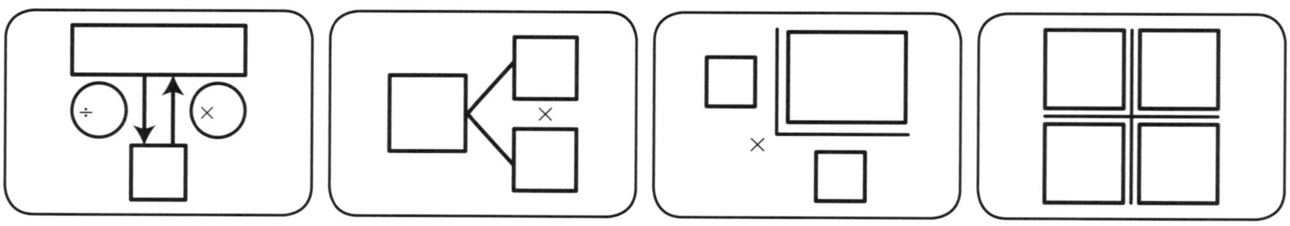

Phrase réponse :

V

Le kilogramme de beurre est au prix de 8 € 40 cts.

Quel est le prix d'une plaquette de 250 g ?
Quel est le prix d'une plaquette de 100 g ?

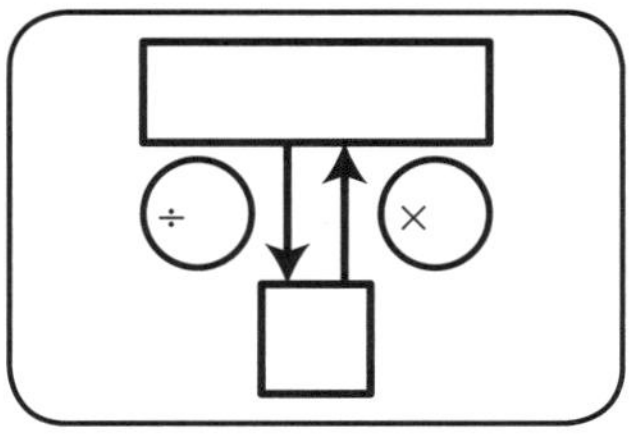

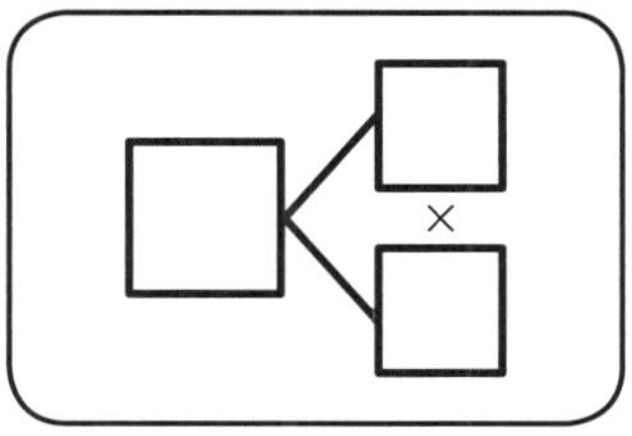

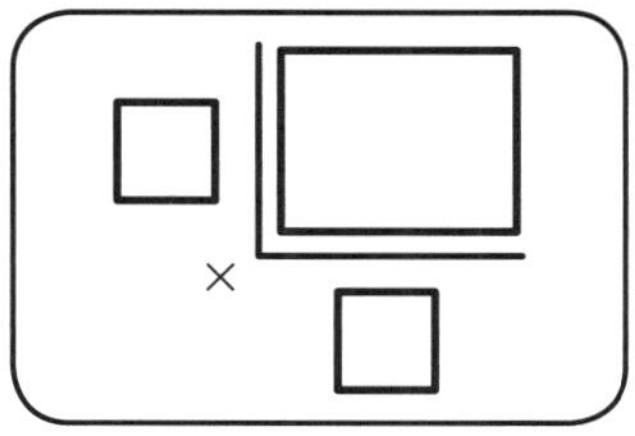

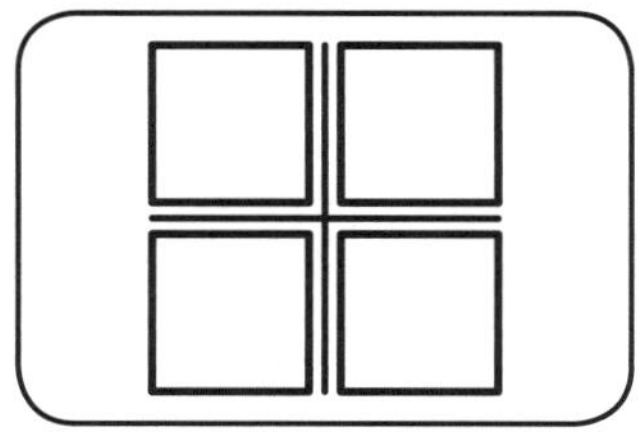

Phrase réponse :

VI

Une carte de restaurant propose :
12 entrées différentes, 8 plats de viande différents,
5 accompagnements différents et 9 desserts différents.

Combien de repas différents puis-je commander ?

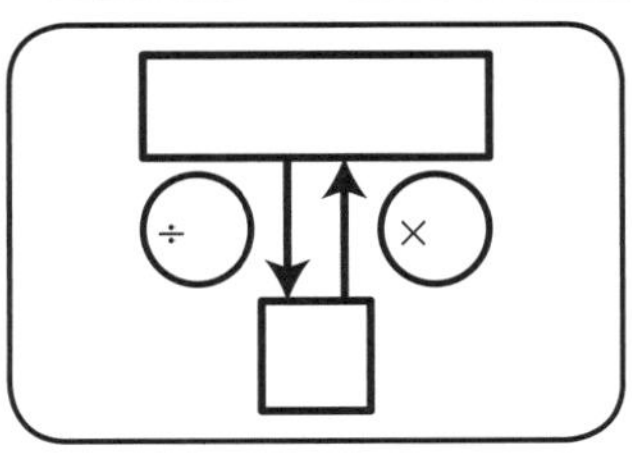

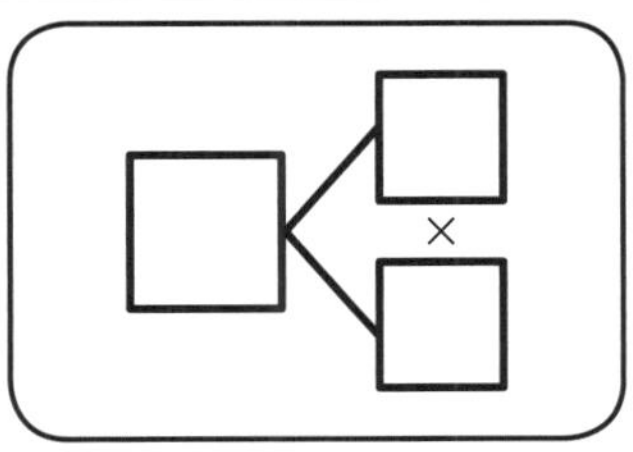

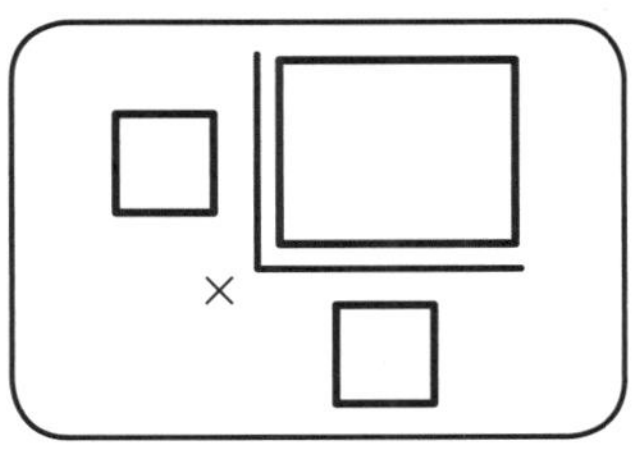

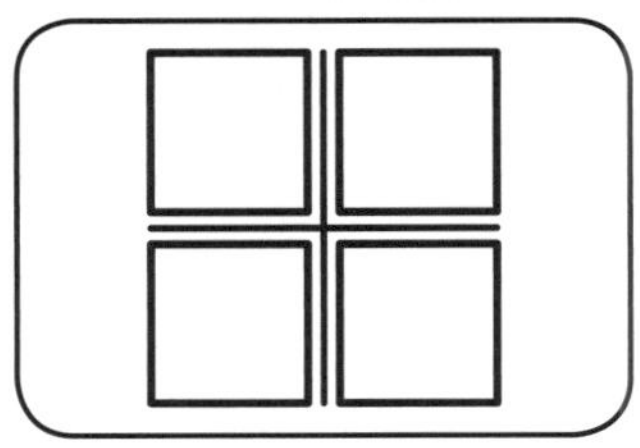

Phrase réponse :

VII

Pour approvisionner les véhicules d'une petite ile, un bateau de marchandises transporte 547 petits barils de 86 litres chacun.

Combien de litres de carburant transporte le bateau de marchandises ?

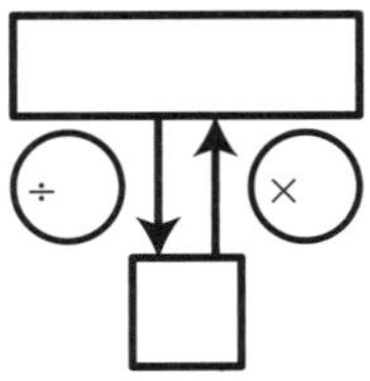

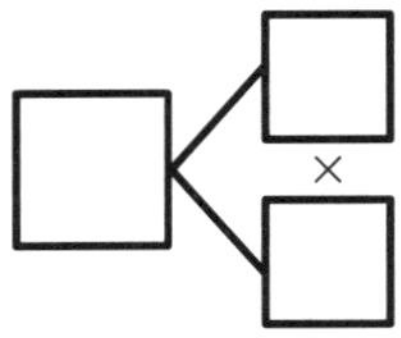

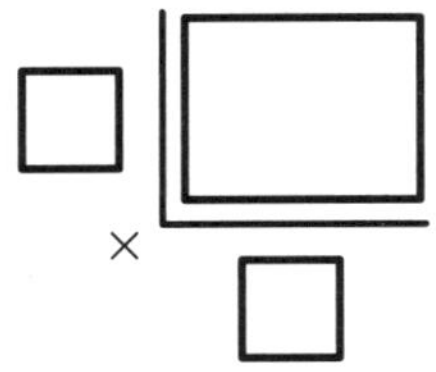

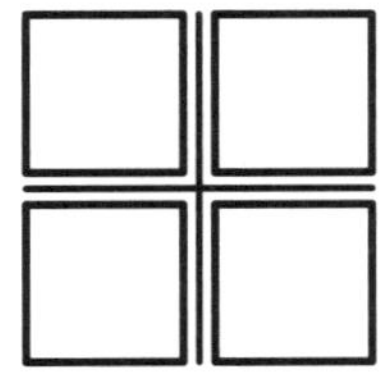

Phrase réponse :

VIII

Je possède 7 vestes, 5 pantalons, 4 T-shirts et des casquettes.
Je peux m'habiller de 1 260 façons différentes.

Combien de casquettes ai-je ?

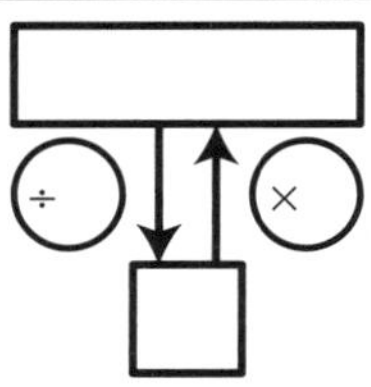

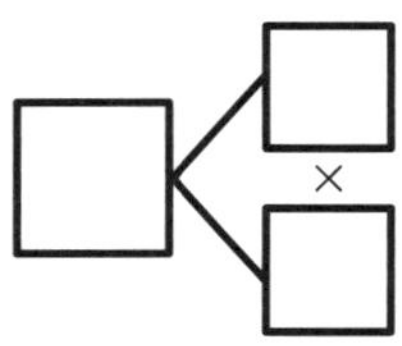

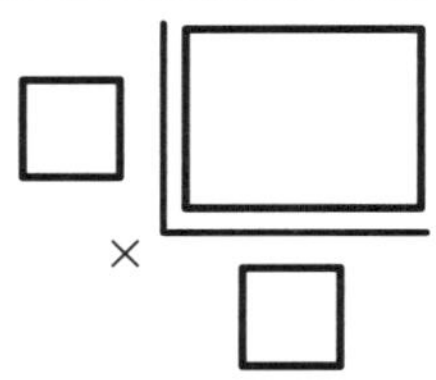

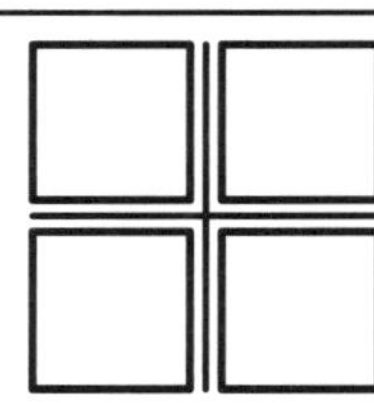

Phrase réponse :

CHAPITRE 2

Résolution de problèmes

Dans ma réserve de vêtements il y a 2 pantalons différents et 3 pulls. **Combien de tenues différentes puis-je former ?**

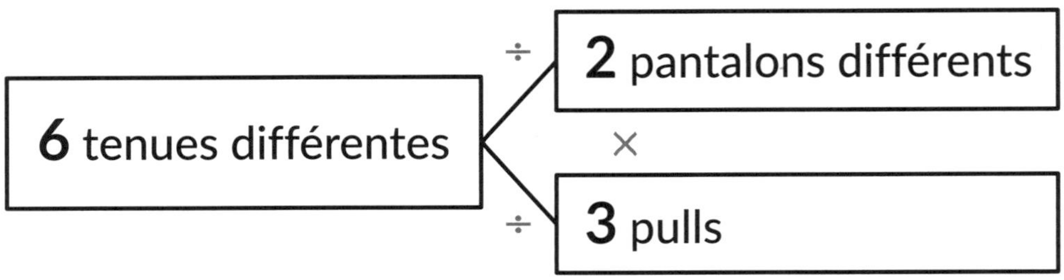

Dans ma trousse, il y a 8 feutres rouges.
Mon copain en a 4 fois plus. **Combien a-t-il de feutres ?**

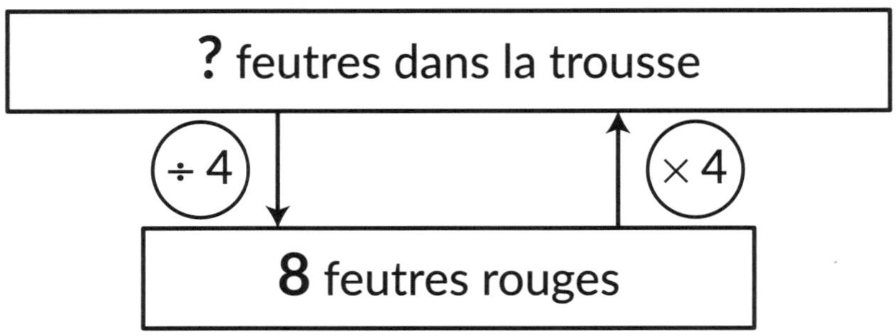

Sur une tablette de chocolat il y a 4 carrés sur la longueur et 3 carrés sur la largeur. **Combien de carré y a-t-il ?**

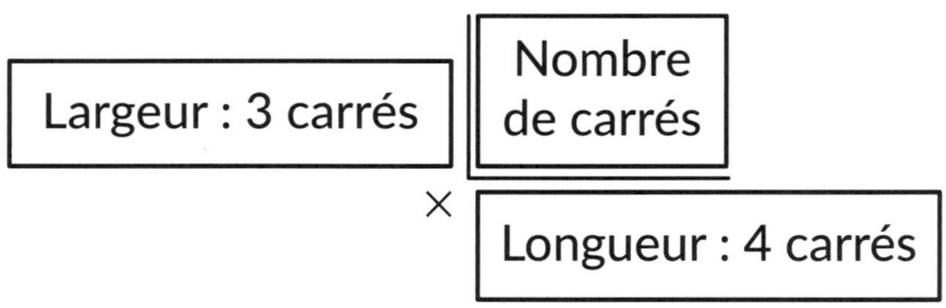

Dans 1 sac il y a 5 billes.
Dans 3 sacs il y a combien de billes ?

1 sac de billes	**5** billes dans **1** sac
3 sacs de billes	**15** billes dans **3** sacs

$3 \times 5 = 15$
$15 \div 3 = 5$
$15 \div 5 = 3$

1

Tony a 4 327 timbres de collection.
Il en possède 2 378 de plus que Jonas.

Combien Jonas a-t-il de timbres ?

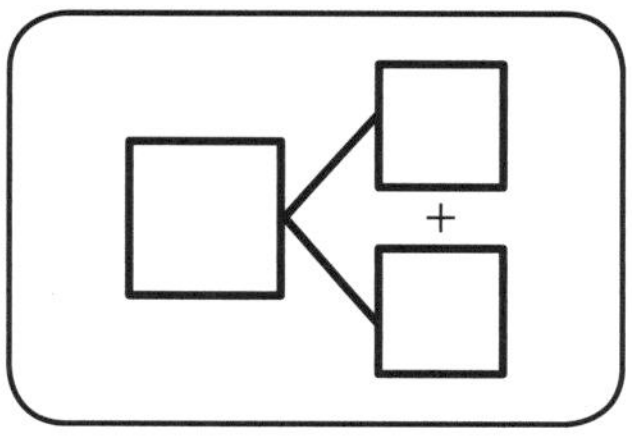
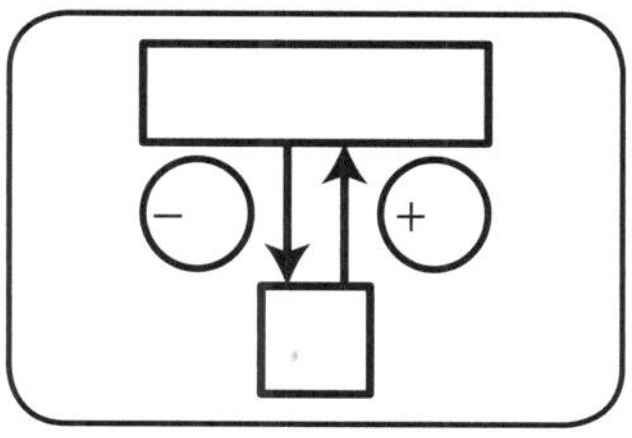
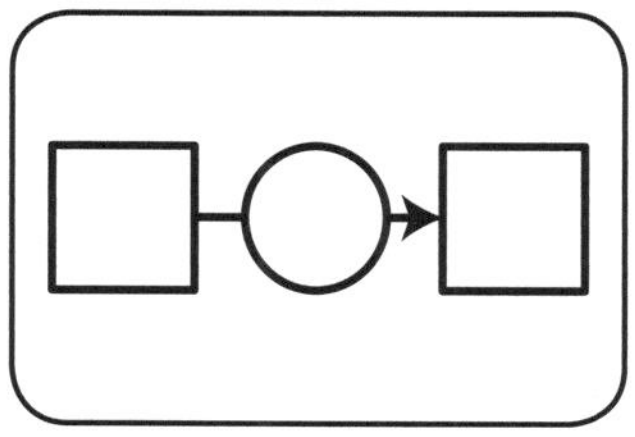
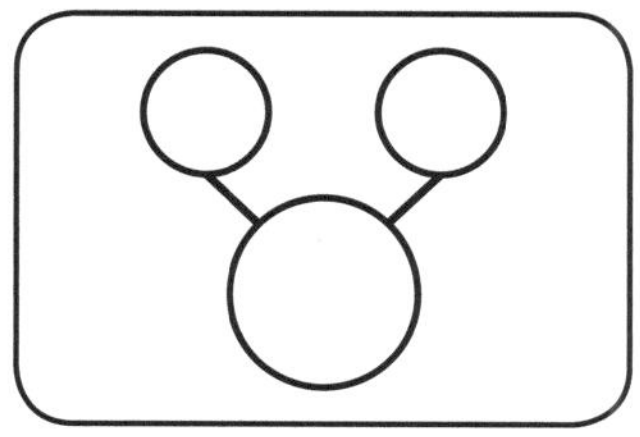

Phrase réponse :

2

Cette année, une entreprise de bâtiment a gagné 2 142 560 € grâce à des chantiers. L'un d'eux a fait gagner 875 620 €.

Combien d'argent les autres chantiers ont-ils fait gagner à cette entreprise ?

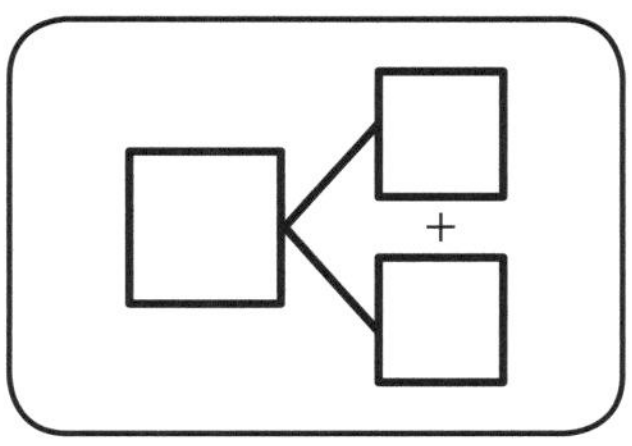
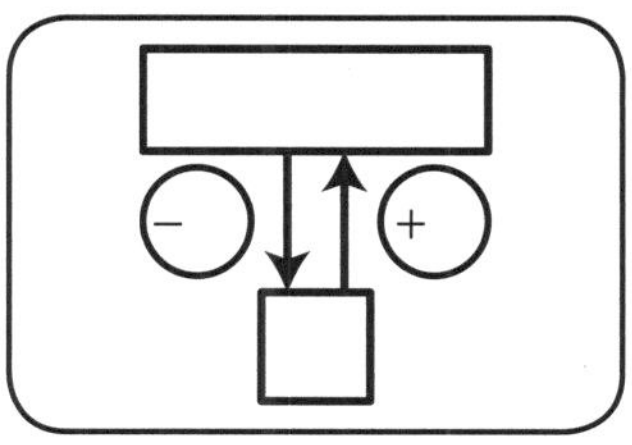
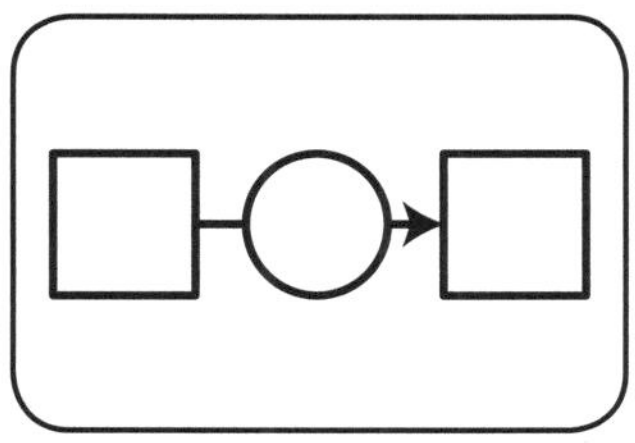
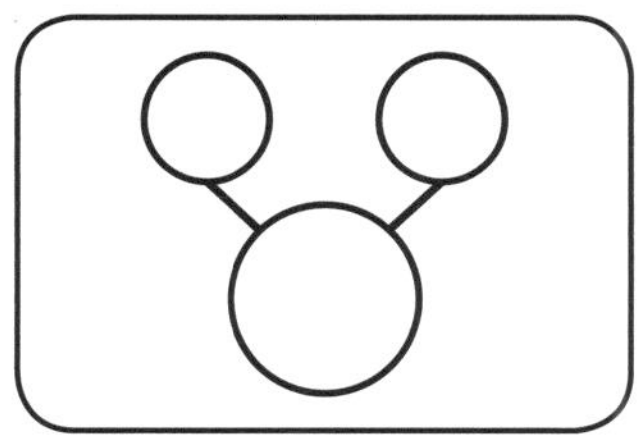

Phrase réponse :

3

Voici le bilan de la consommation d'eau d'un couple :
923,75 litres pour se laver, 56,45 litres pour le jardin,
232,15 litres pour le linge et 127 litres pour laver la vaisselle.

Quelle est la consommation totale d'eau du couple ?

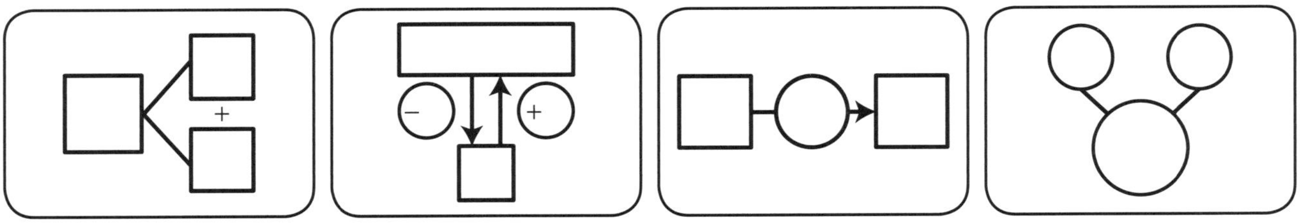

Phrase réponse :

4

Un journal était diffusé à 92 518 exemplaires l'an dernier.
Sa diffusion pour cette année est de 65 612 exemplaires.

De combien d'exemplaires la diffusion a-t-elle baissée cette année ?

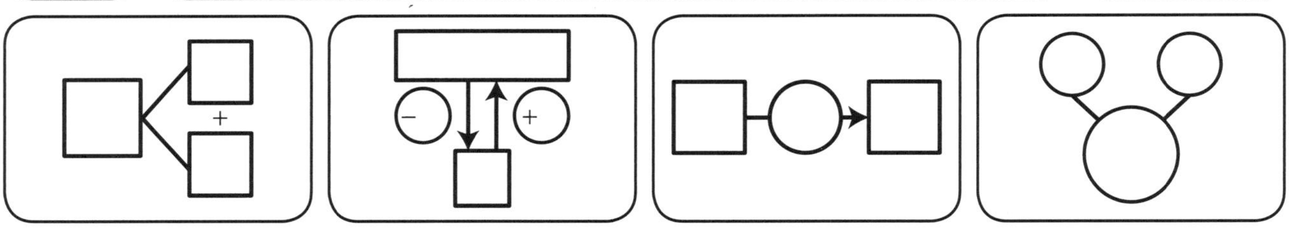

Phrase réponse :

5

Chez un concessionnaire, une voiture vaut 17 850 €.
Elle vaut 19 365 € chez son concurrent.

De combien d'euros la voiture est-elle plus chère chez le concurrent ?

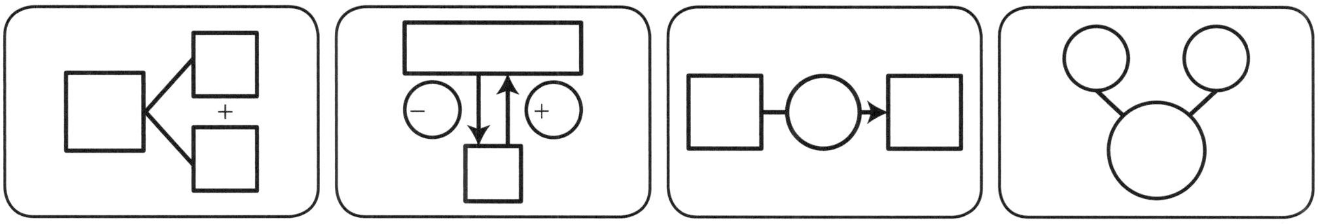

Phrase réponse :

6

En 2 ans, les bucherons de la région ont abattu 786 arbres et en ont planté 1 260.

Le nombre d'arbres dans la région a-t-il augmenté ou baissé ?
De combien ?

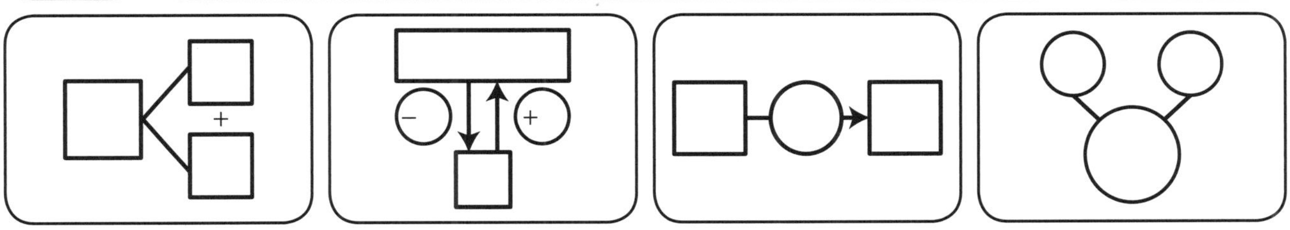

Phrase réponse :

7

Jules range sa boite à couture.
Il y avait 200 cm de fil. Il jette 1,58 m de fil usé.
Enfin, il ajoute du fil neuf. Sa boite contient maintenant 964 cm de fil.

Quelle est la longueur de fil neuf qui a été ajoutée ?

+ –

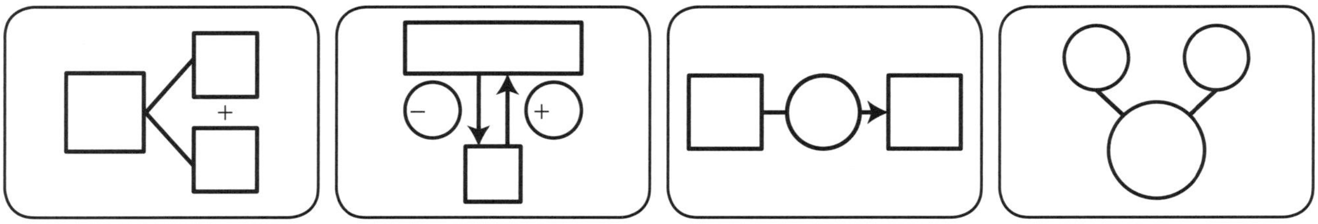

Phrase réponse :

8

Lors de la finale du tournoi de basket, il y a 15 849 spectateurs.
8 241 sont venus encourager l'équipe des Red Tigers.

Combien de spectateurs encouragent l'équipe des Blue Dragons ?

+ –

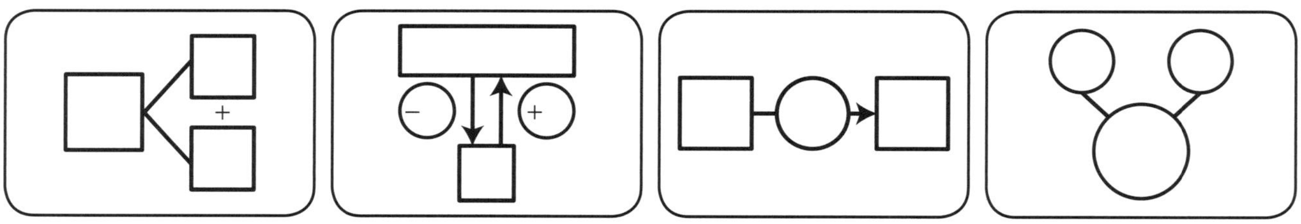

Phrase réponse :

I

Pour composer un bouquet de 5 fleurs, j'utilise :
des roses, des œillets, des tulipes, des iris et des glaïeuls.
Chaque fleur existe en 3 couleurs.

Combien de bouquets, avec 5 types de fleurs différentes, puis-je constituer ?

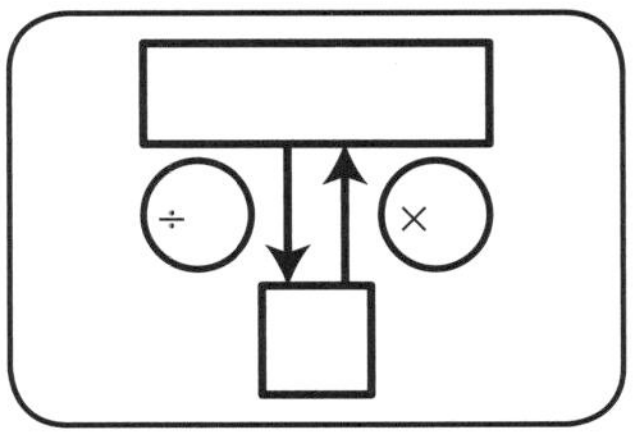

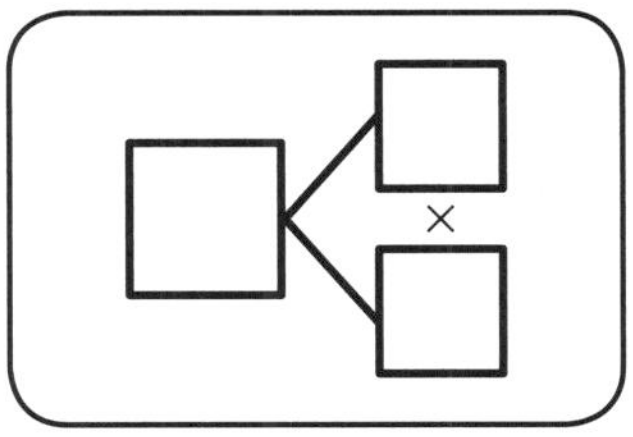

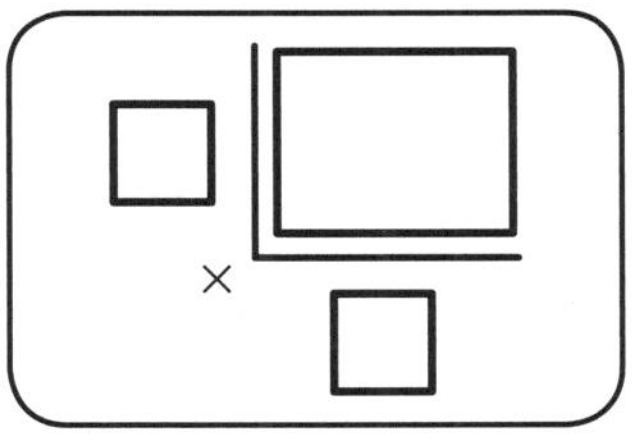

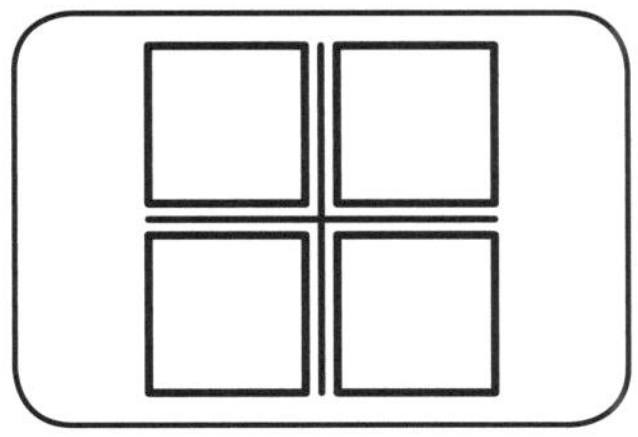

Phrase réponse :

II

Louisa a retiré 460 € à la banque pour faire des achats de vêtements.

Combien de robes à 19 € peut-elle acheter ?

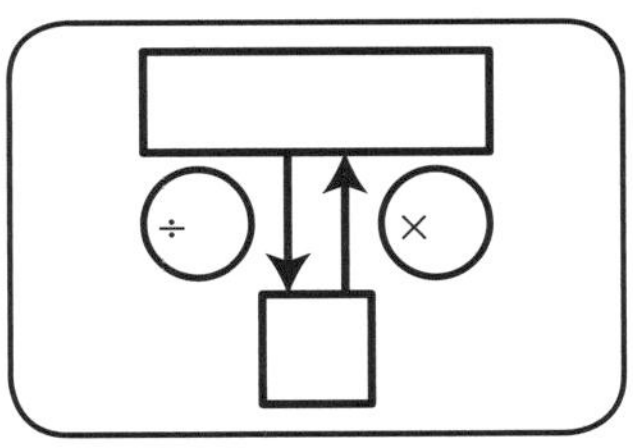

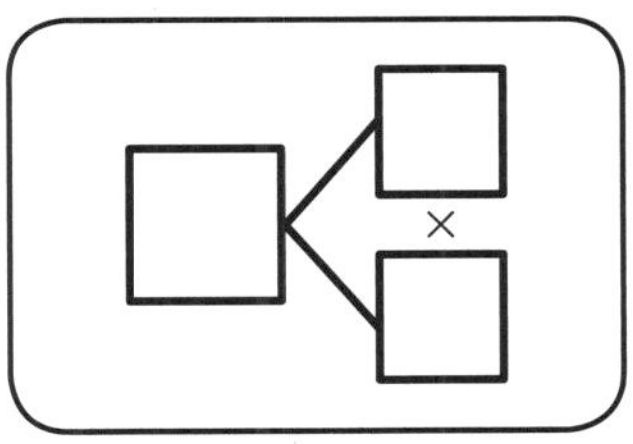

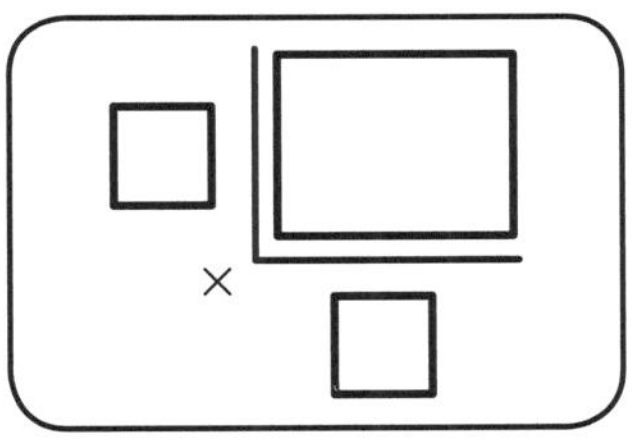

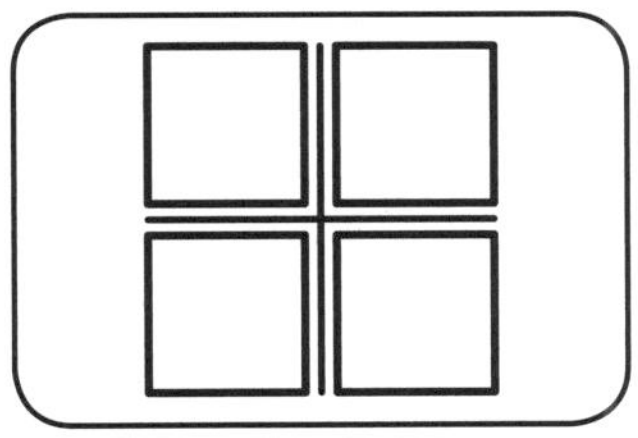

Phrase réponse :

III

Le volcan « Olympus Mons » sur la planète Mars a une hauteur de 21 222 m. La Tour Eiffel mesure quant à elle 324 m.

Le volcan est combien de fois plus grand que la Tour Eiffel ?

× ÷

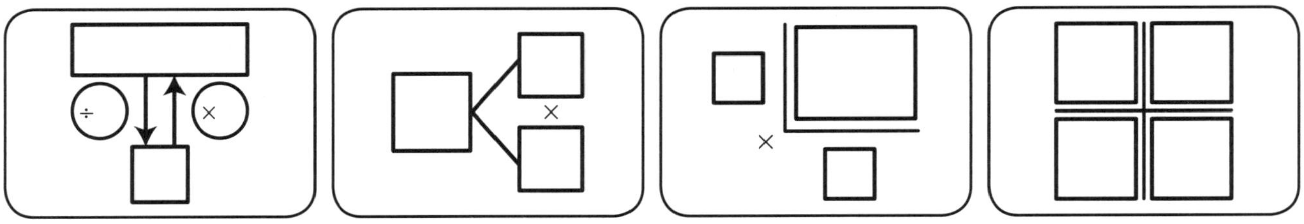

Phrase réponse :

IV

Un camion transporte 24 bidons qui pèsent au total 660 kg.
Il en décharge 5.

Combien pèsent les 5 bidons ?

× ÷

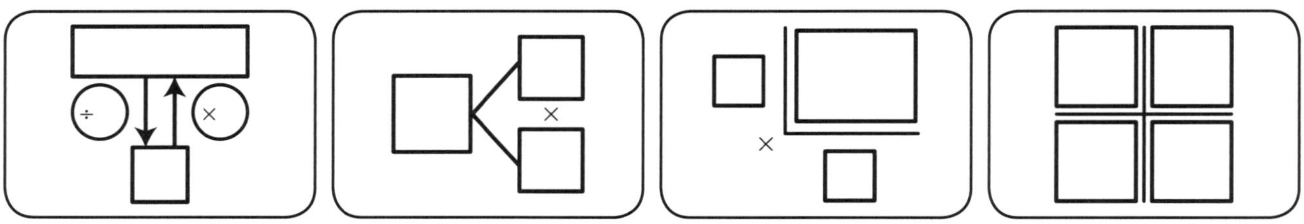

Phrase réponse :

V

La largeur de mon jardin est 17,8 m alors que sa longueur est 29,6 m.

Quelle est l'aire de mon jardin en m^2 ?

× ÷

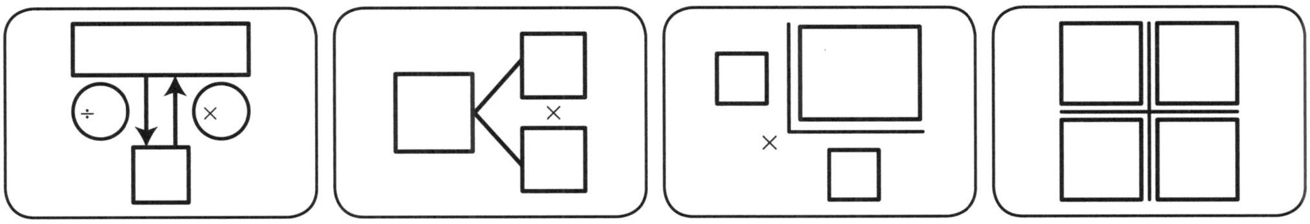

Phrase réponse :

VI

La mairie installe les décorations de Noël.
Il faut 910 ampoules pour décorer 35 rues.

Combien faudra-t-il d'ampoules pour les 42 rues de la ville ?

× ÷

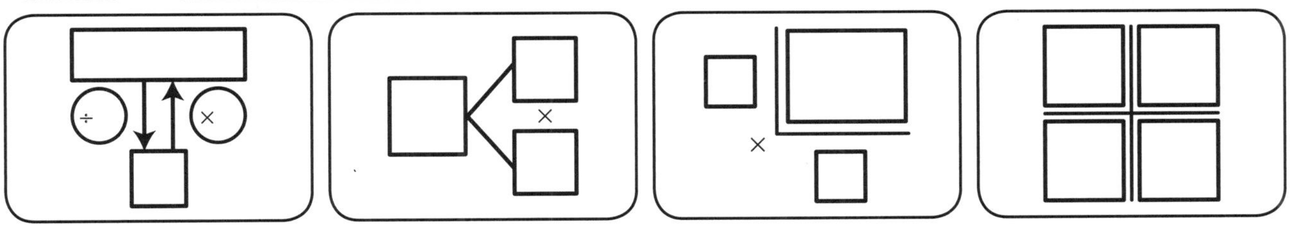

Phrase réponse :

VII

Un stade peut contenir 72 300 spectateurs.

Combien de spectateurs sont nécessaires pour remplir 12 stades ?

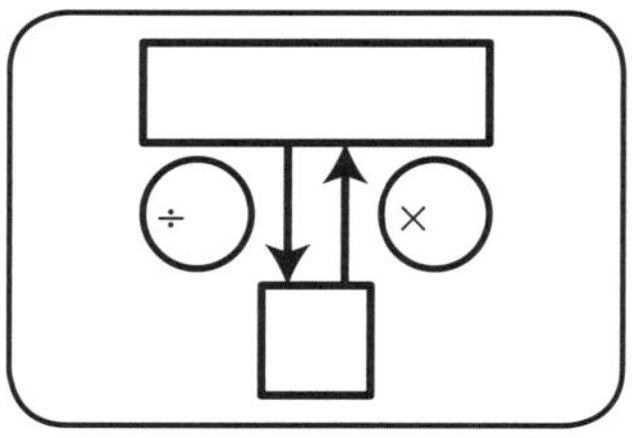

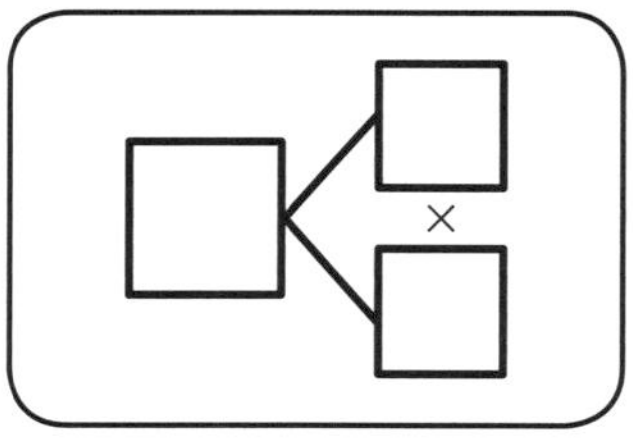

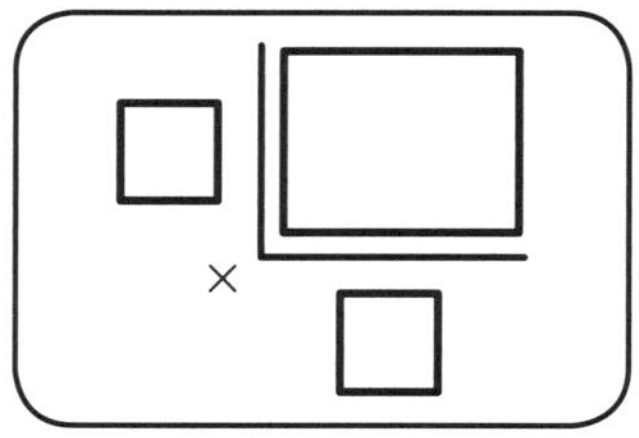

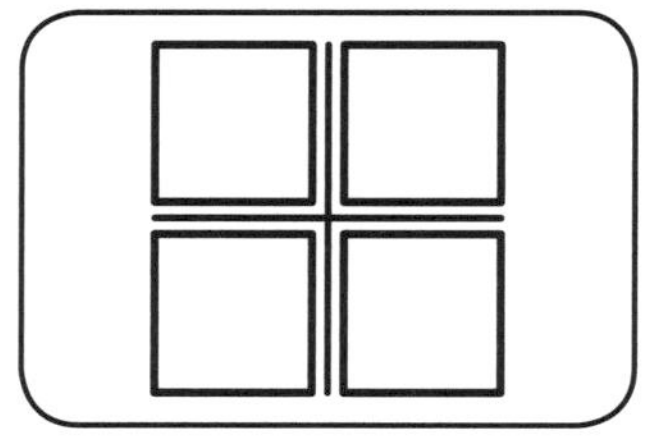

Phrase réponse :

VIII

J'ai rangé 24 dossiers dans mes casiers.
Cela représente un total de 11 208 pages.

Combien de pages y a-t-il dans un dossier ?

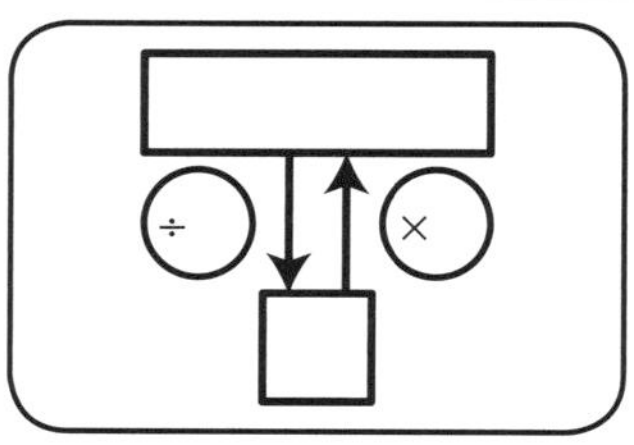

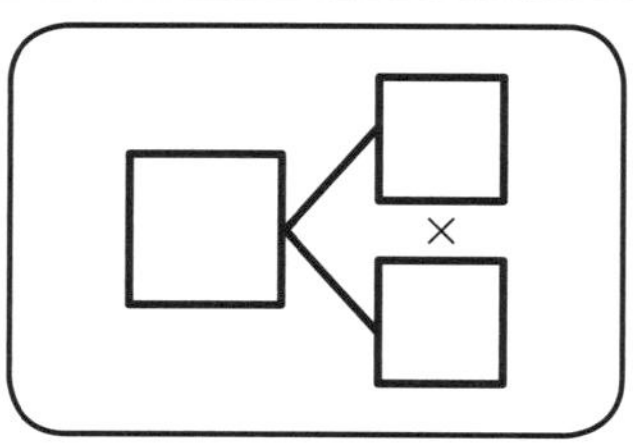

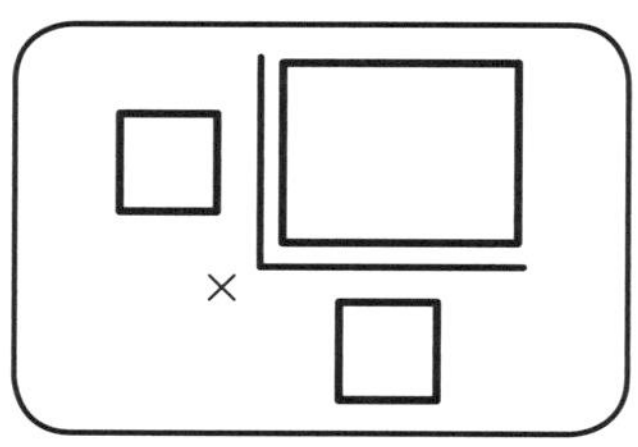

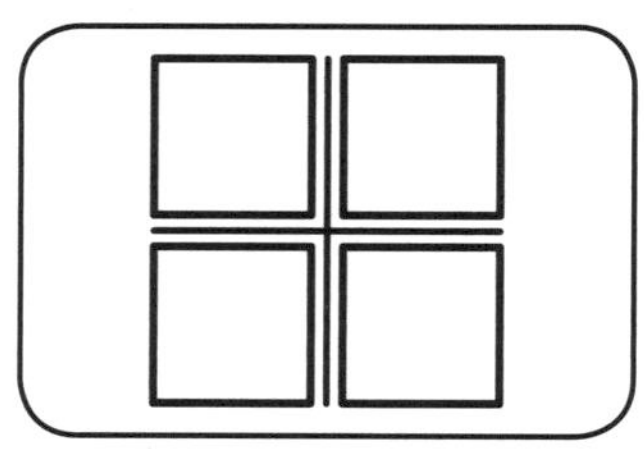

Phrase réponse :

CHAPITRE 3

Résolution de problèmes

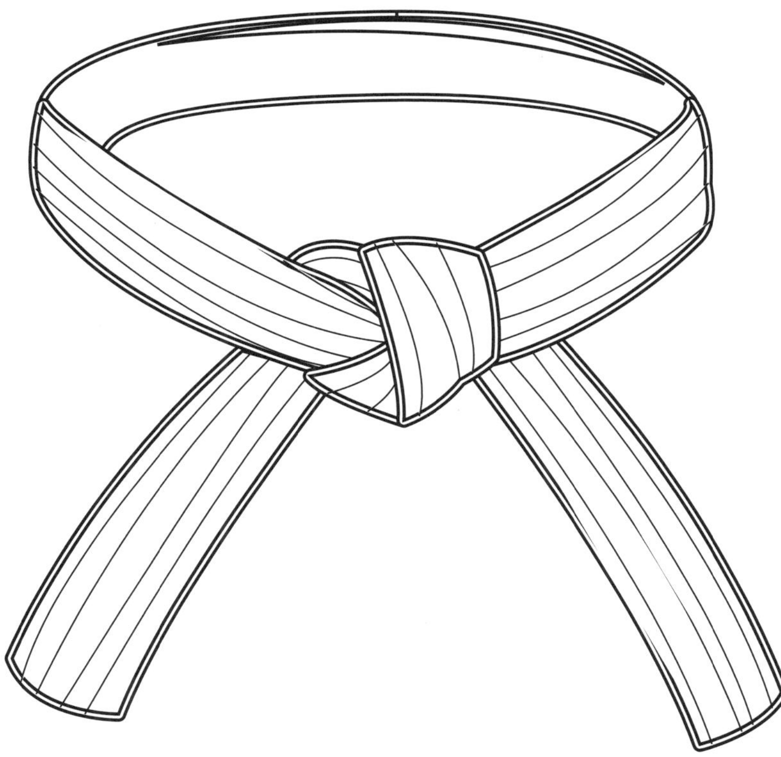

Dans ma trousse, il y a 8 feutres rouges et des feutres bleus. J'ai 12 feutres en tout. **Combien y a-t-il de feutres bleus ?**

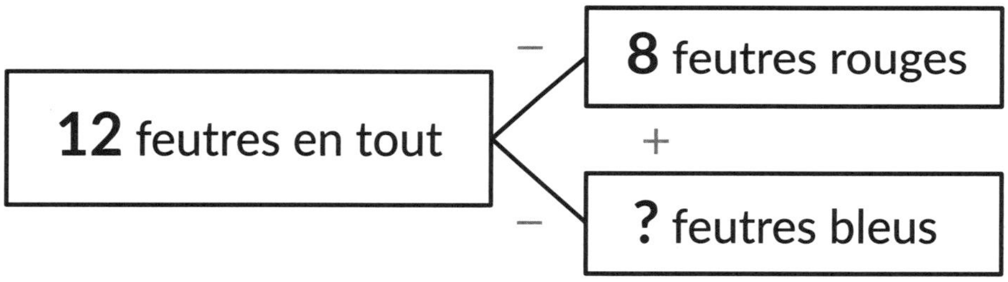

Dans ma trousse, il y a 8 feutres rouges. Mon copain en a 4 de plus. **Combien a-t-il de feutres ?**

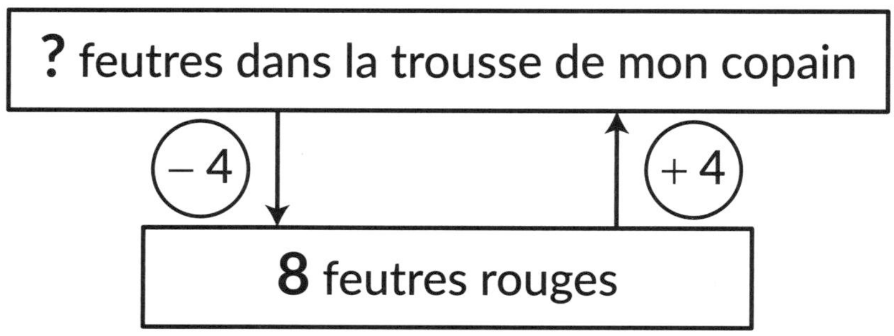

Dans ma trousse, j'ai ajouté 8 feutres rouges et j'ai 12 feutres maintenant. **Combien de feutres avais-je avant ?**

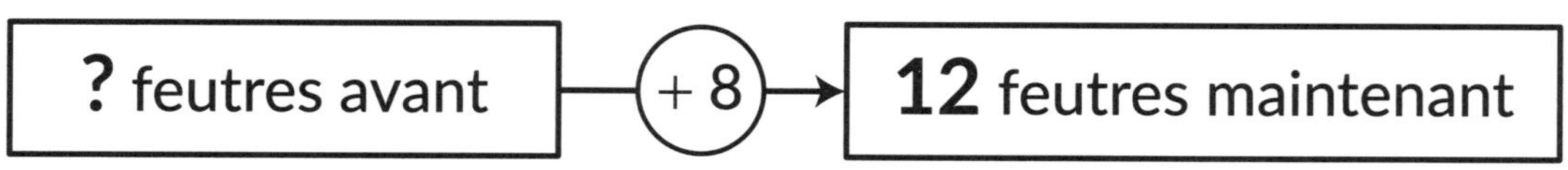

Dans ma trousse, j'ajoute 8 feutres rouges puis j'ajoute 4 feutres bleus. **Combien ai-je ajouté de feutres ?**

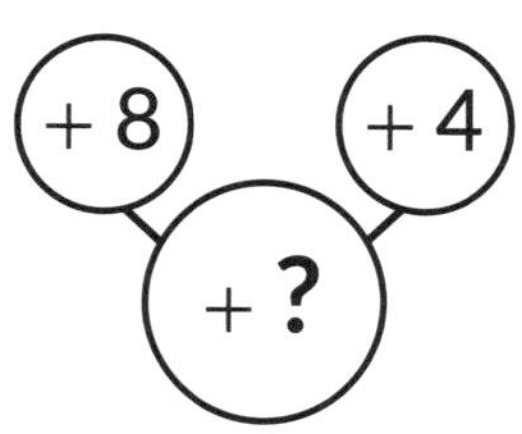

1

Jacob fait ses comptes : Nourriture : 247 €. Vêtements : 123 €.
Carburant : 66 €. Électricité : 34 €. Téléphone : 19,5 €.

Quel est le montant total de ses dépenses ?

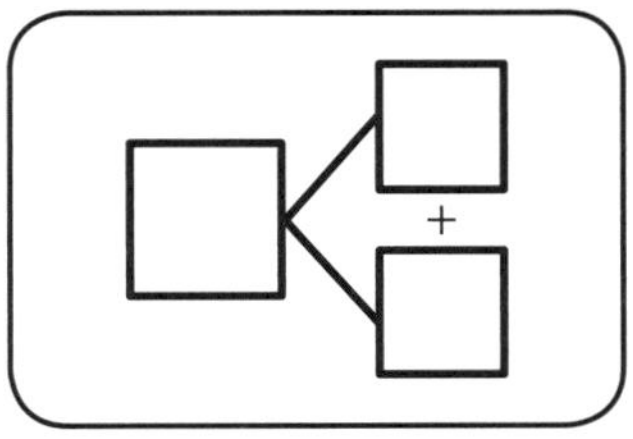
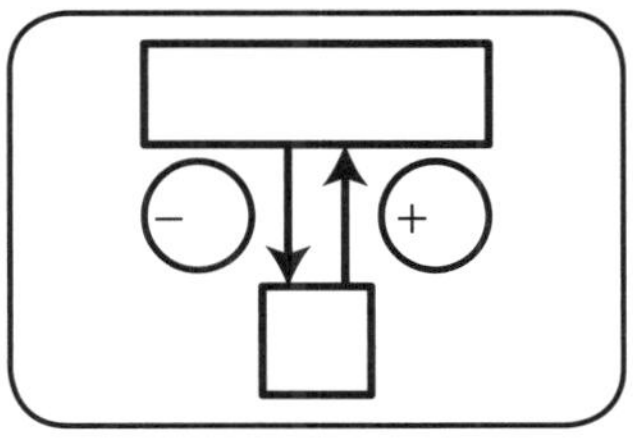

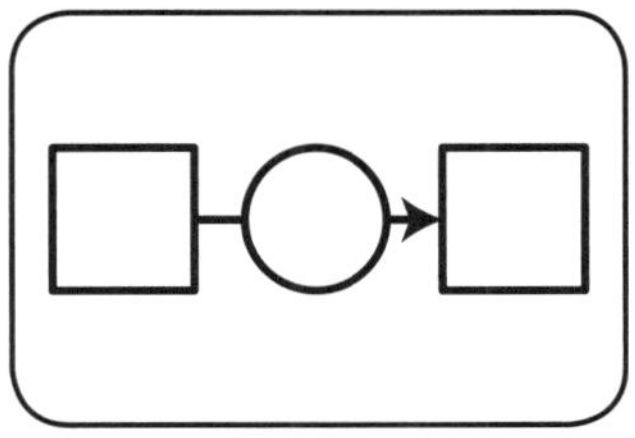
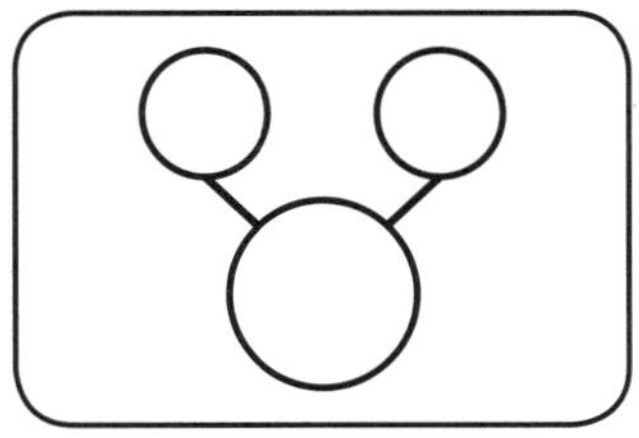

Phrase réponse :

2

J'ai économisé 8 726 € en 3 années.
J'ai maintenant 19 350 € sur mon compte épargne.

Combien d'argent avais-je avant ?

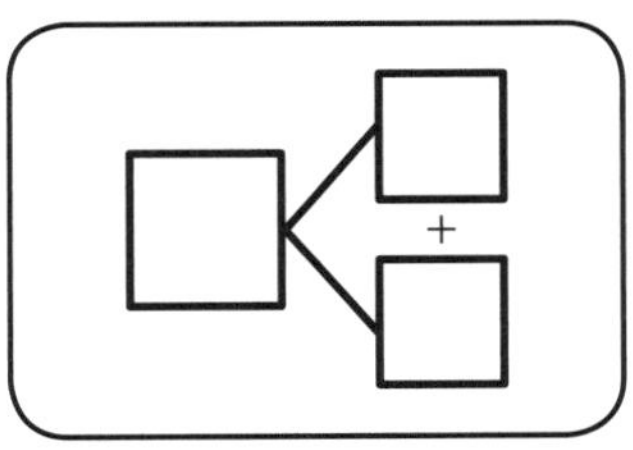
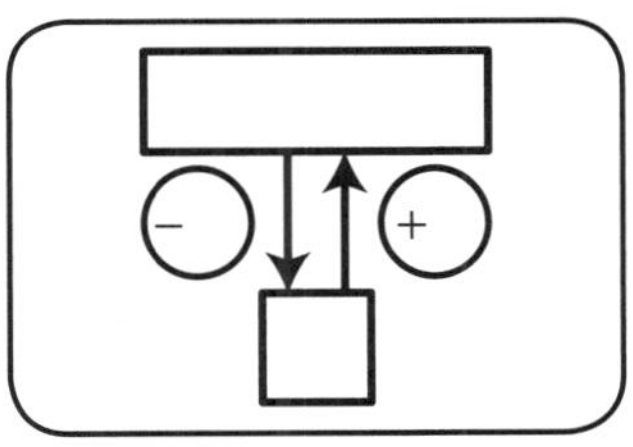

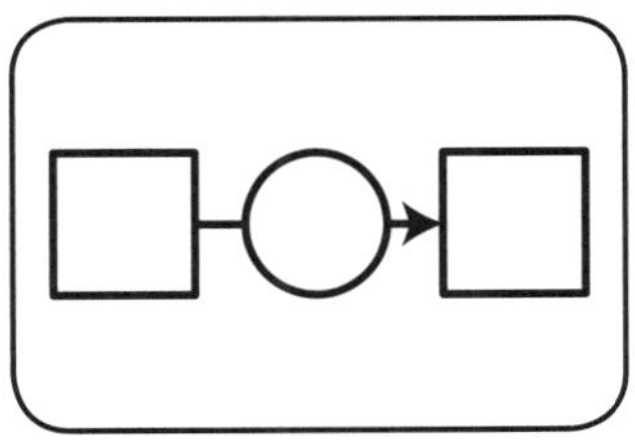
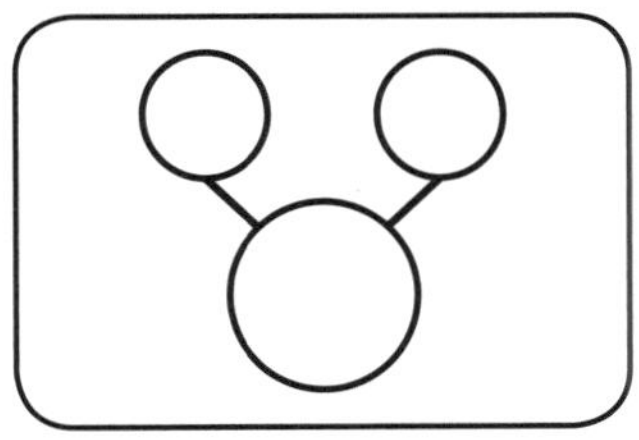

Phrase réponse :

3

Deux astéroïdes ont été repérés par des astronomes. Le premier a une masse 35 680 tonnes et le second une masse de 26 410 tonnes.

Quelle est la différence de masse entre les deux ?

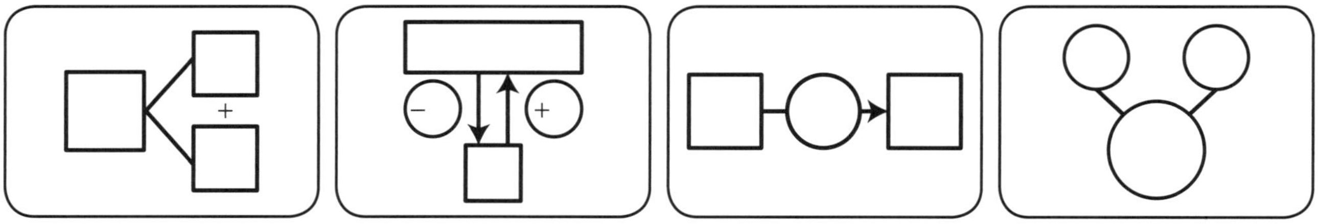

Phrase réponse :

4

Un club a 153 478 supporteurs.
Le club adverse en a 8 793 de moins.

Combien le club adverse a-t-il de supporteurs ?

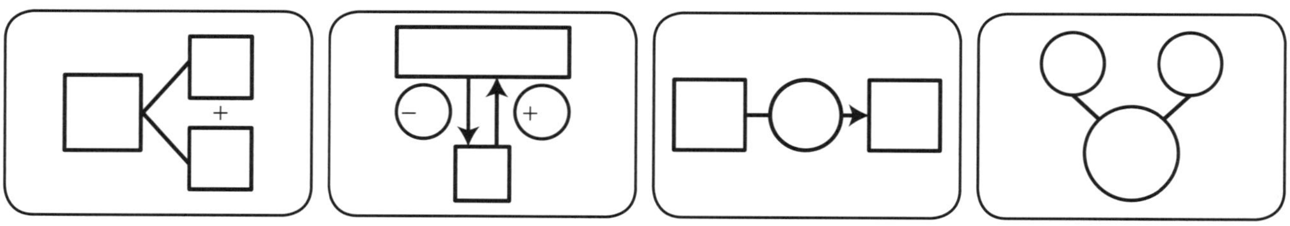

Phrase réponse :

5

En temps normal, le lac Tose a une superficie de 56 758 m² mais à cause d'une sécheresse importante, il perd 24 876 m² de superficie.

Quelle est sa superficie actuelle en m² ?

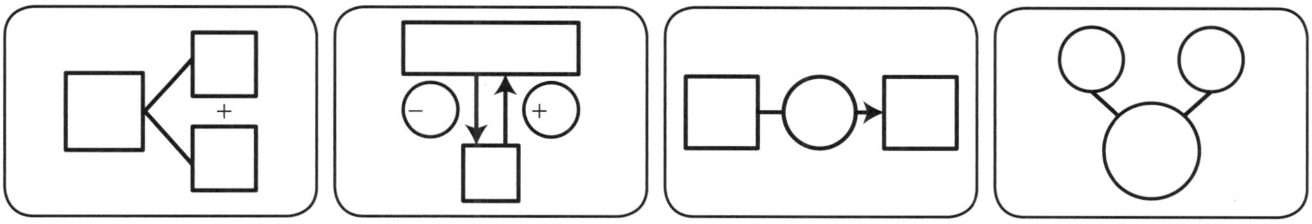

Phrase réponse :

6

Dans un musée, le conservateur fait ajouter des nouvelles œuvres et retirer 4 800. En faisant les comptes il remarque qu'il y a 710 œuvres de plus qu'avant tout ce déménagement.

Combien de nouvelles œuvres sont ajoutées ?

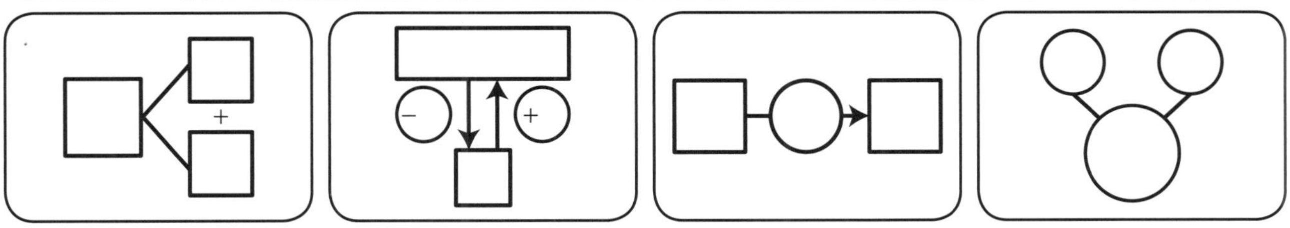

Phrase réponse :

7

Au premier arrêt, 45 passagers montent dans un train. Au suivant, 77 passagers descendent. Il ne reste que 142 passagers à bord.

Combien de passagers étaient dans le train au départ ?
Combien sont descendus en tout ?

+ -

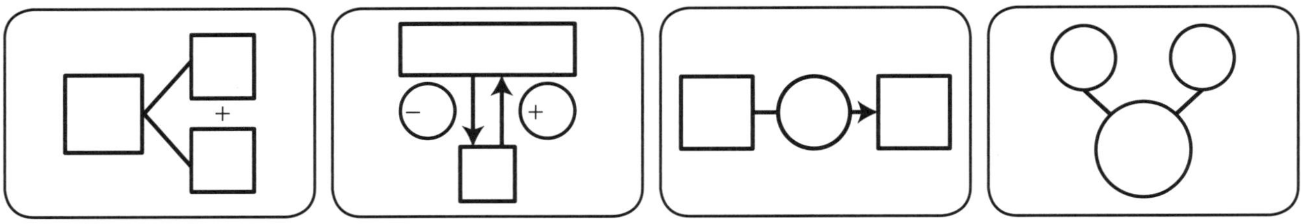

Phrase réponse :

8

L'année dernière il y avait 42 361 livres dans la bibliothèque de l'université. Cette année, après des achats, il y en a 59 741.

Combien de livres ont été achetés ?

+ -

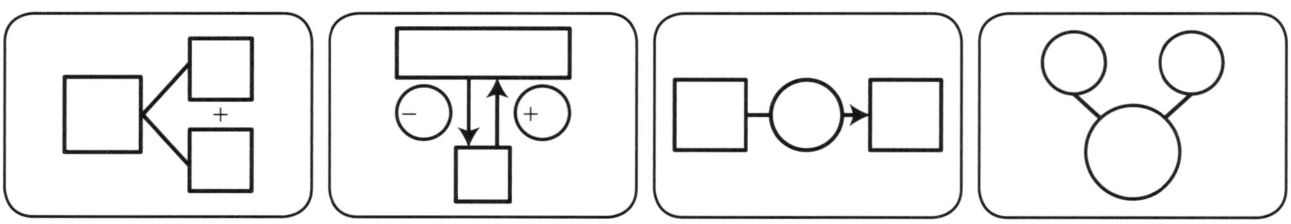

Phrase réponse :

I

J'ai 4 368 amis sur un réseau social et Tom n'en a que 312.

Tom en a combien de fois moins que moi ?

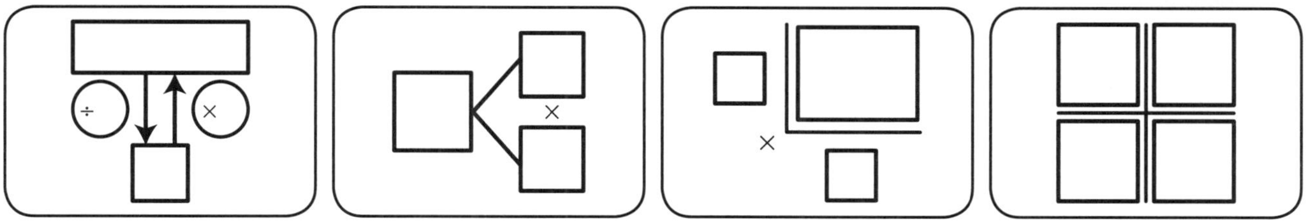

Phrase réponse :

II

Sarah court autour du stade pendant 48 minutes.
Elle met 3 minutes pour faire 2 tours.

Combien de tours a-t-elle effectués ?

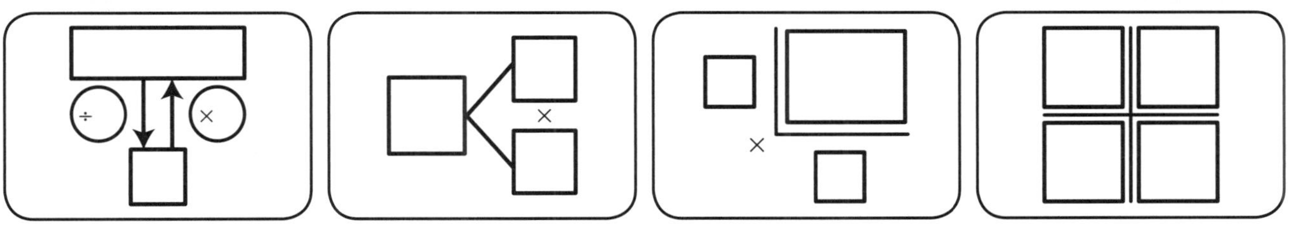

Phrase réponse :

III

Sur un drapeau il y a 3 bandes comme le drapeau français.
J'ai 12 crayons de couleur pour le colorier.
Je n'utilise qu'une fois une couleur sur le drapeau.

Combien de drapeaux différents puis-je colorier ?

× ÷

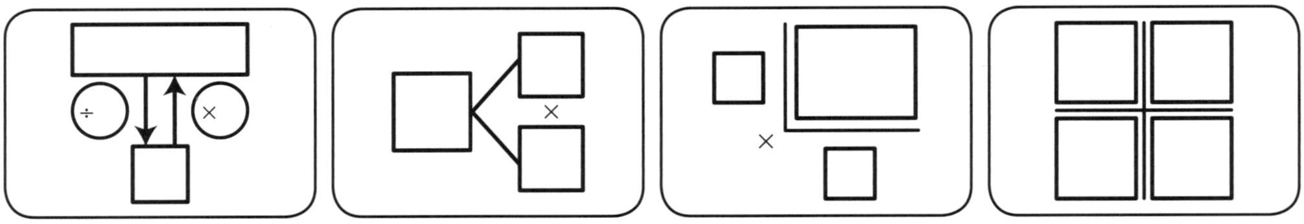

Phrase réponse :

IV

Une classe mesure 7,65 m de long et 4,8 m de large.

Quelle est sa superficie en m² ?

× ÷

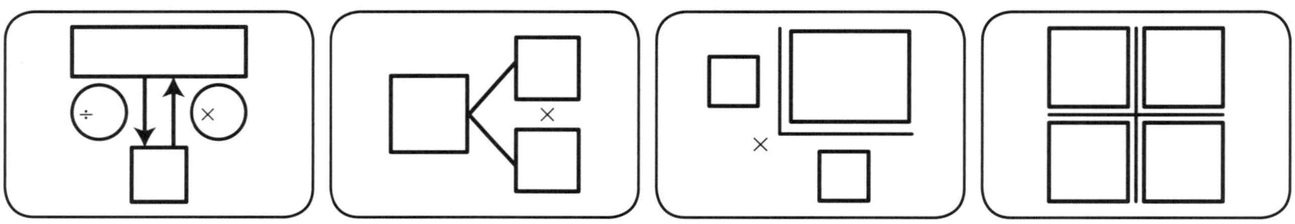

Phrase réponse :

V

L'organisateur de marathon de Paris a gagné 3 375 000 € grâce aux inscriptions. Il y a eu 45 000 inscrits cette année.

Quel est le prix de l'inscription pour une seule personne ?

× ÷

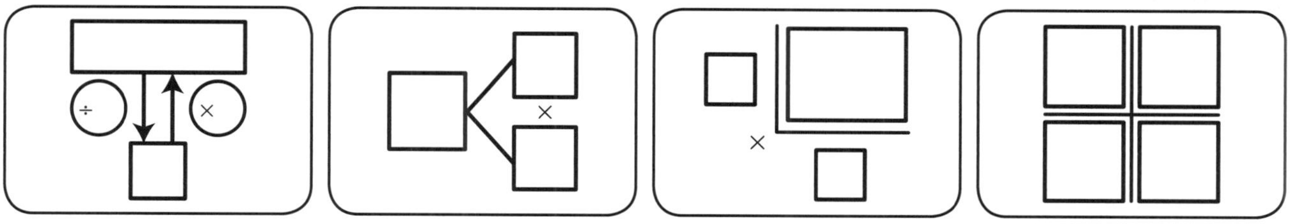

Phrase réponse :

VI

Un club de foot a vendu 58 billets pour un total de 696 €.

Quel est le prix d'un billet ? Quel est le prix de 80 billets ?

× ÷

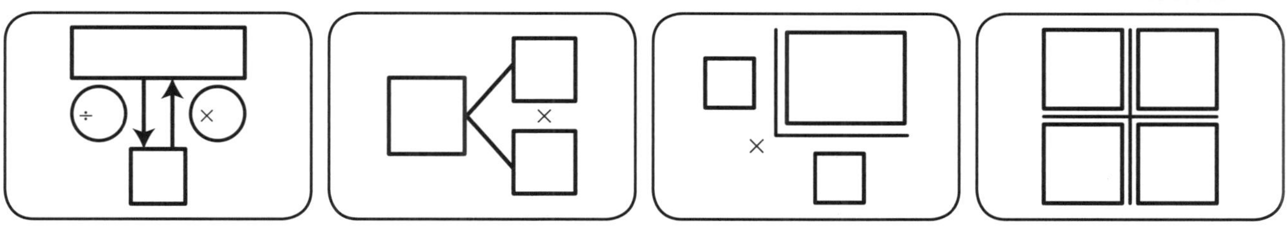

Phrase réponse :

VII

Pour faire du tricot, j'achète 36 pelotes de laine.
Chaque pelote contient 12,7 m de laine.

Combien de mètres de laine ai-je achetés ?

× ÷

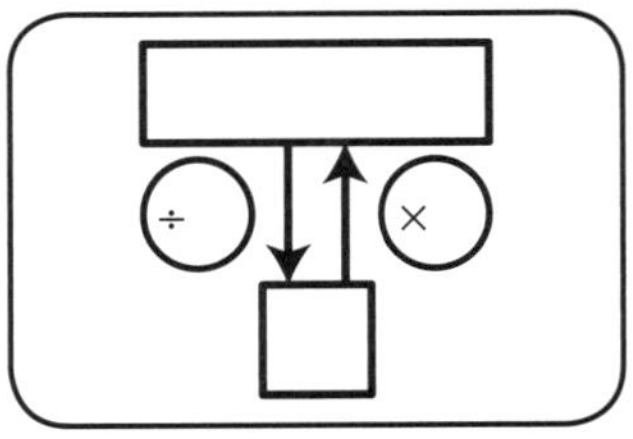

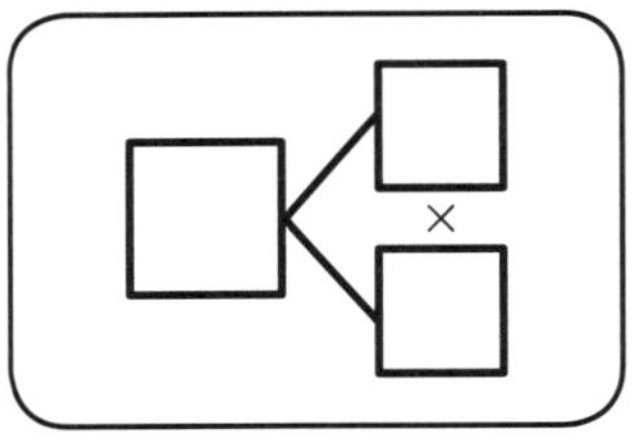

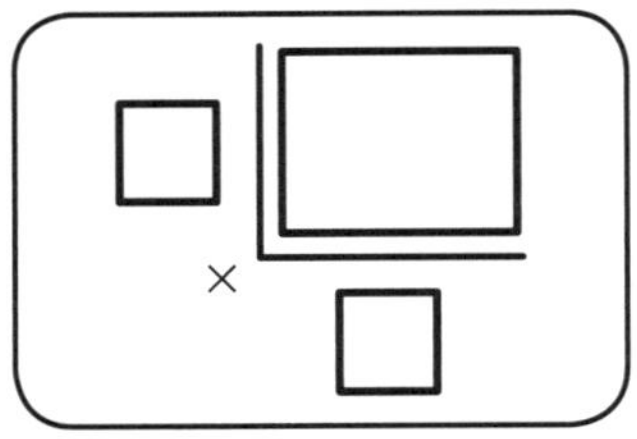

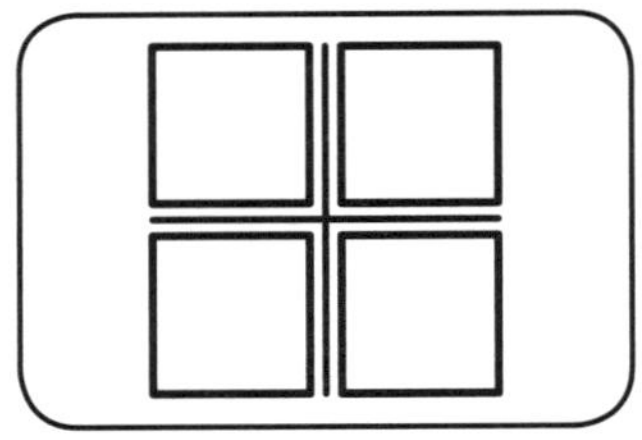

Phrase réponse :

VIII

Le grand-père de Paul a 14 876 € sur son compte.
Son petit-fils 4 fois moins.

Combien d'argent a Paul ?

× ÷

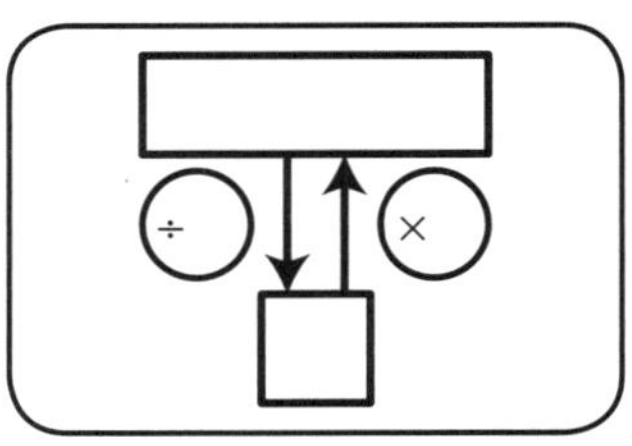

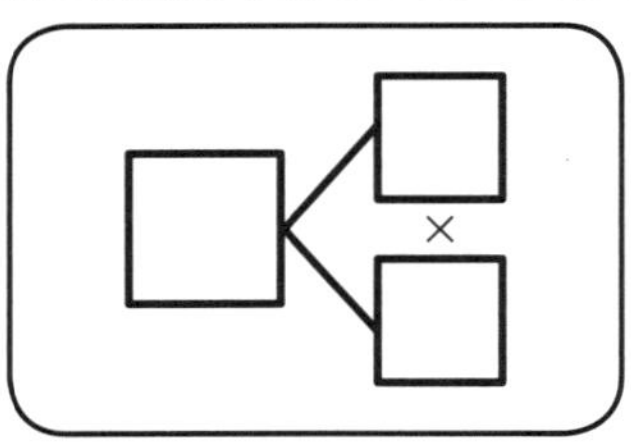

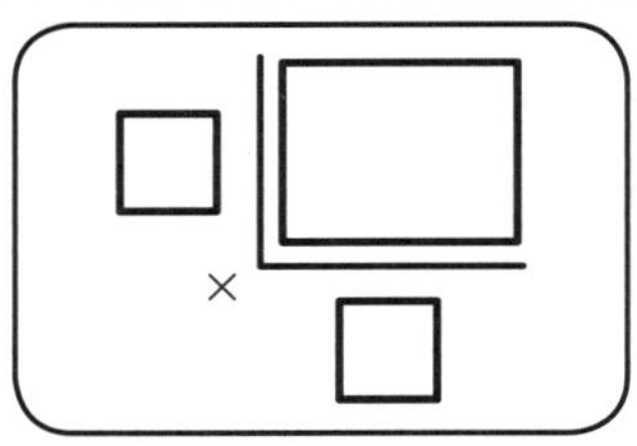

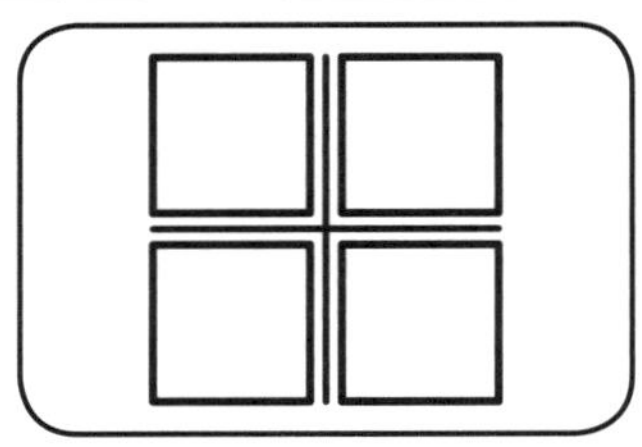

Phrase réponse :

CHAPITRE 4

Résolution de problèmes

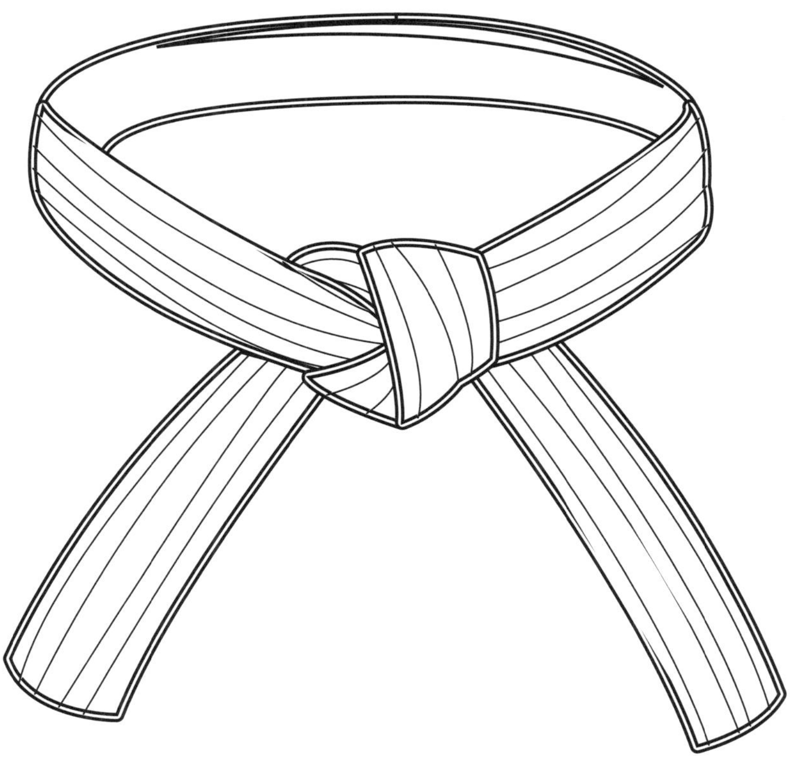

Dans ma réserve de vêtements il y a 2 pantalons différents et 3 pulls. **Combien de tenues différentes puis-je former ?**

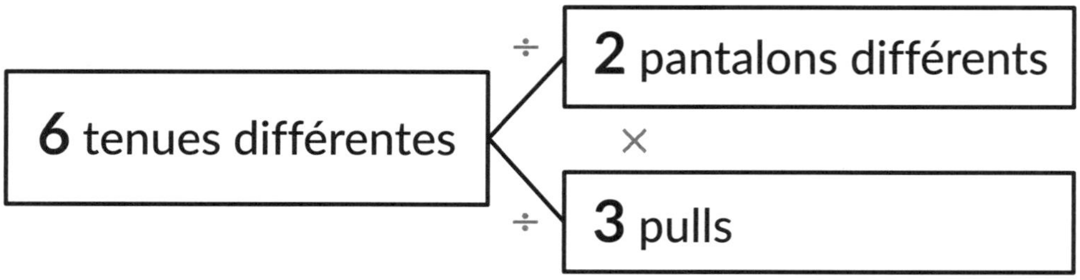

Dans ma trousse, il y a 8 feutres rouges.
Mon copain en a 4 fois plus. **Combien a-t-il de feutres ?**

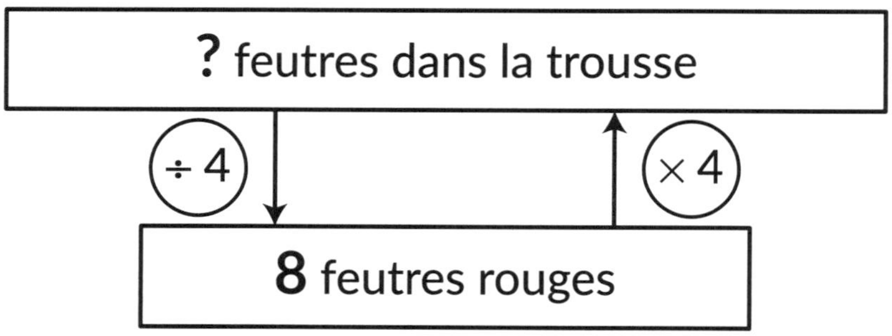

Sur une tablette de chocolat il y a 4 carrés sur la longueur et 3 carrés sur la largeur. **Combien de carré y a-t-il ?**

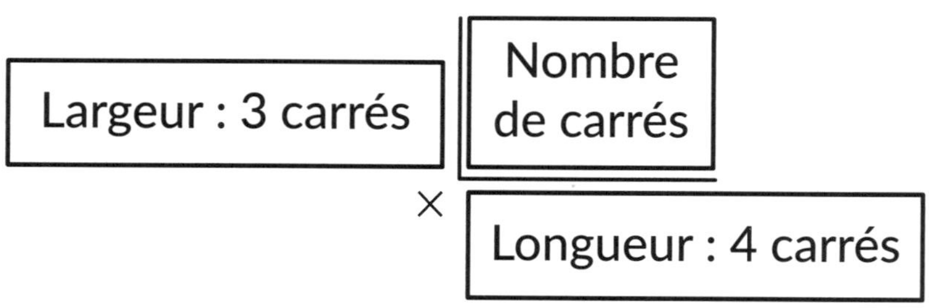

Dans 1 sac il y a 5 billes.
Dans 3 sacs il y a combien de billes ?

1 sac de billes	**5** billes dans **1** sac
3 sacs de billes	**15** billes dans **3** sacs

$3 \times 5 = 15$

$15 \div 3 = 5$

$15 \div 5 = 3$

1

Max a dépensé au total 36 800,15 € pour agrandir sa maison.
Il lui reste maintenant 5 680,25 €.

Combien d'argent avait-il avant de commencer les travaux ?

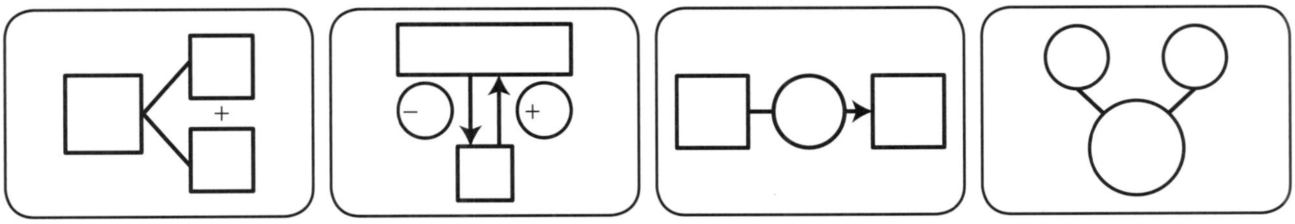

Phrase réponse :

2

Mon père mesure 1,94 m.
Ma sœur mesure 22 cm de moins que lui et 45 cm de plus que moi.

Quelle est la taille de ma sœur ? Quelle est ma taille ?

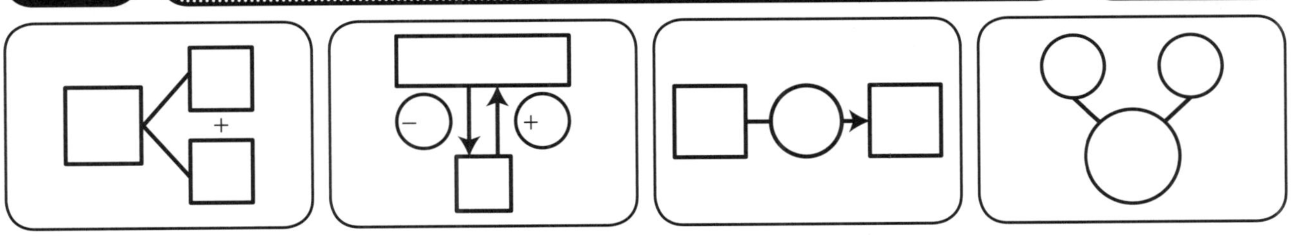

Phrase réponse :

3

Dans la salle Jean Vilar à Argenteuil il y a 1 650 places dont 783 places assises.

Combien de places debout y a-t-il ?

+ −

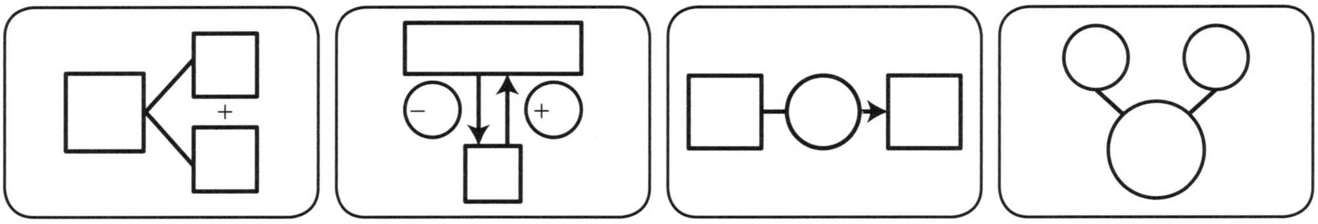

Phrase réponse :

4

Lors de mes courses je pèse mes fruits et légumes.
1 kg 250 g de pommes, 2 kg 125 g de poires, 0 kg 850 g de poireaux et 3 kg 455 g de pommes de terre.

Quelle est la masse totale de mes achats en grammes ?

+ −

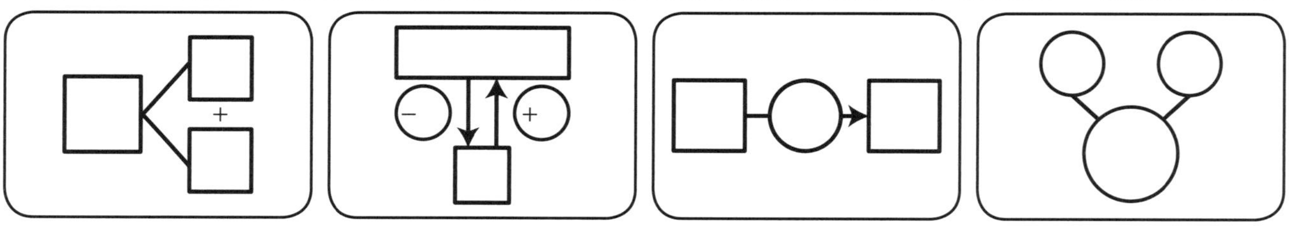

Phrase réponse :

5

Des amis jouent aux cartes et font les comptes à la fin de la partie.
Équipe de Marc : gagne 25, perd 13, gagne 54, perd 28.
Équipe de Tiffany : gagne 34, perd 24, gagne 62, perd 35.

Qui a gagné ?

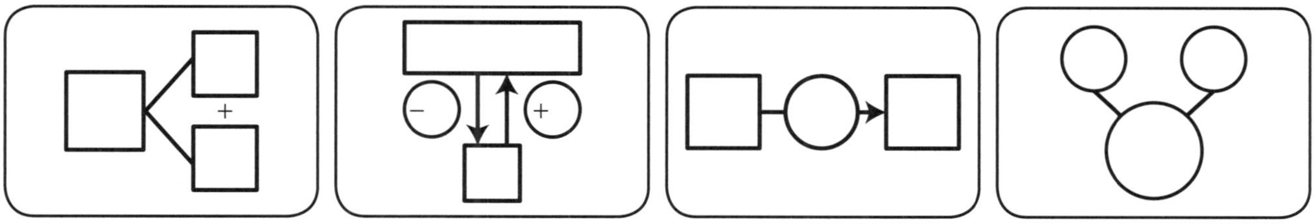

Phrase réponse :

6

J'avais 4 978 timbres dans mon album.
Mon grand-père, m'offre sa collection complète de 23 569 timbres.

Combien ai-je de timbres maintenant ?

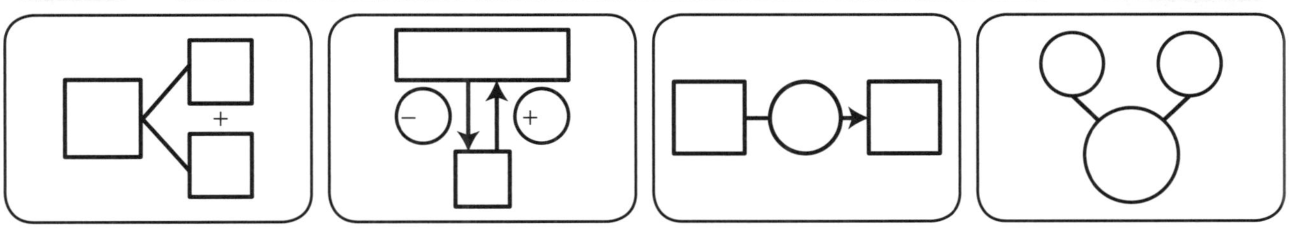

Phrase réponse :

7

Entre 1900 et 2000, la population de ma ville natale a diminué de 28 729 habitants. Nous sommes aujourd'hui 86 720 habitants.

Quelle était la population de ma ville natale en 1900 ?

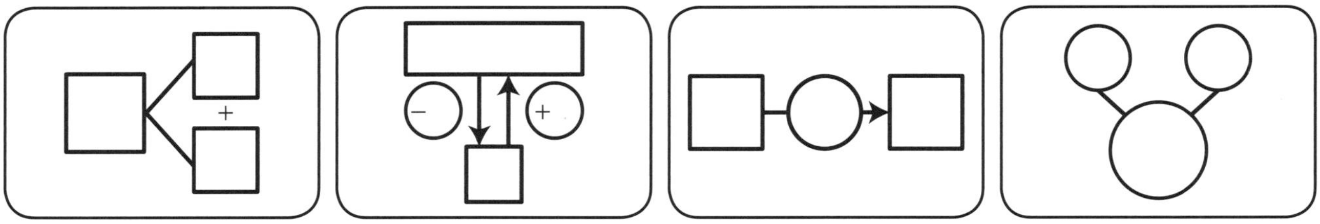

Phrase réponse :

8

Un sous-marin remonte en deux étapes dans l'océan.
À la première étape il remonte de 142,56 m.
À la seconde étape il remonte de 128,70 m.

De combien de mètres est-il remonté en tout ?

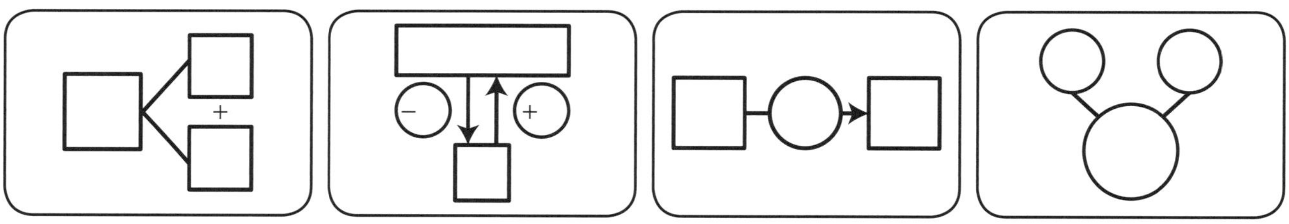

Phrase réponse :

I

Nigel a 18 ans. Son grand-père lui dit que le chêne qui est dans son champ a 774 ans.

Le chêne est combien de fois plus vieux que Nigel ?

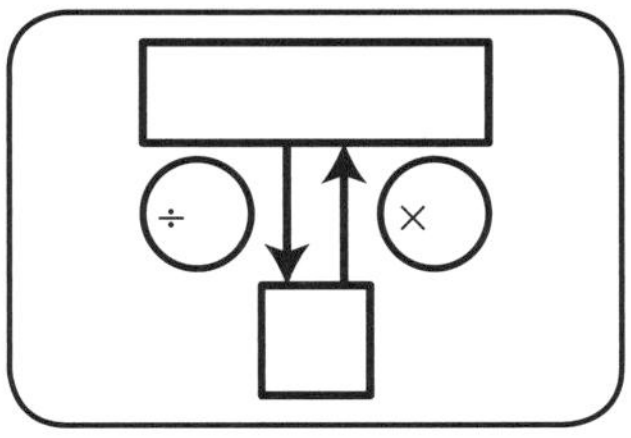

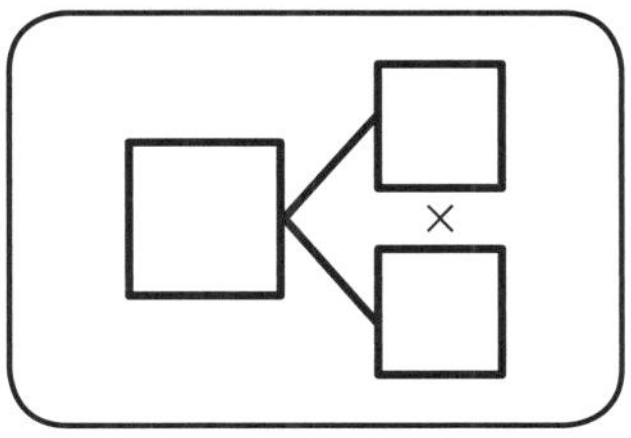

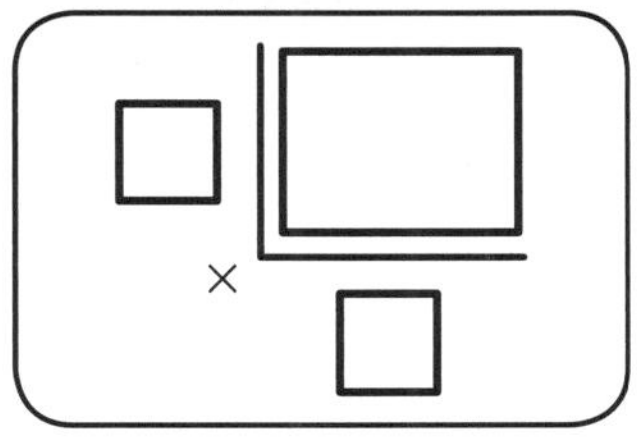

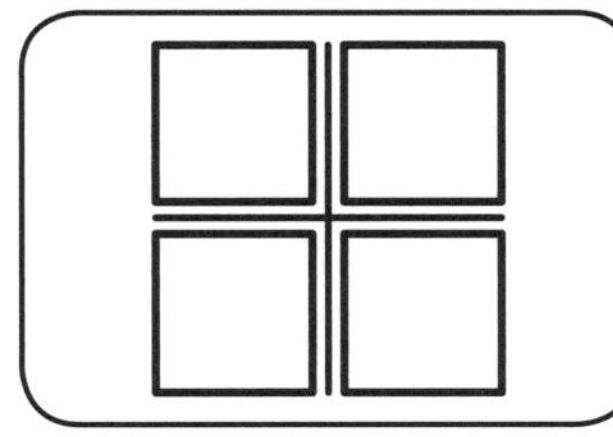

Phrase réponse :

II

J'imagine un rectangle. Son aire est de 1 672 m^2.
Je décide que sa longueur est égale à 76 m.

Quelle sera sa largeur ? Son périmètre ?

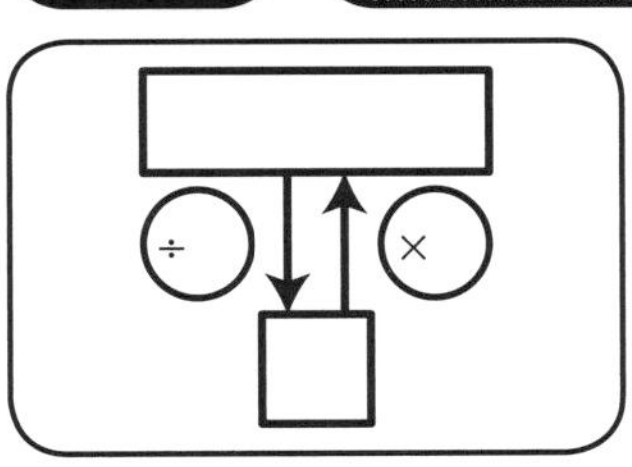

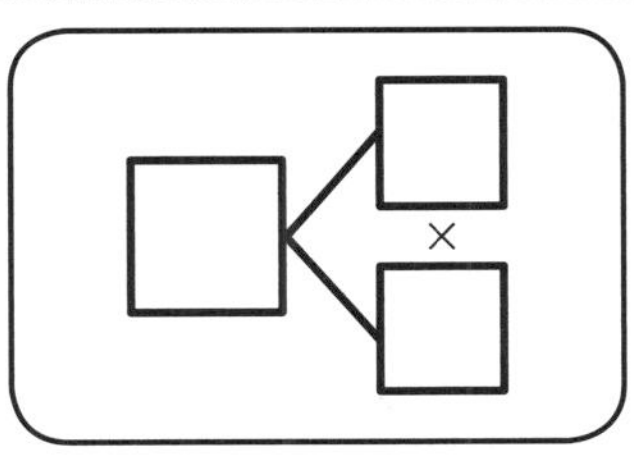

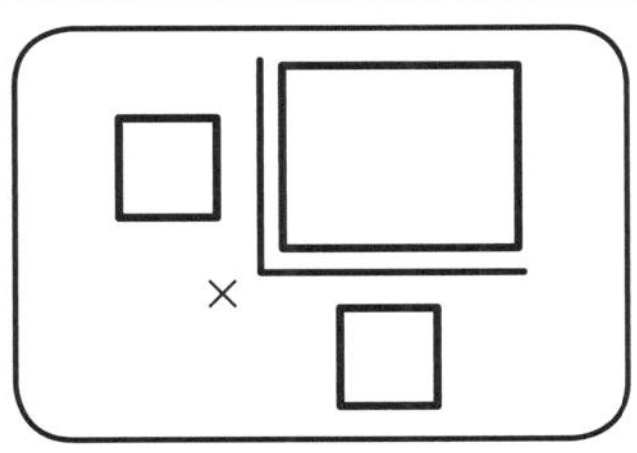

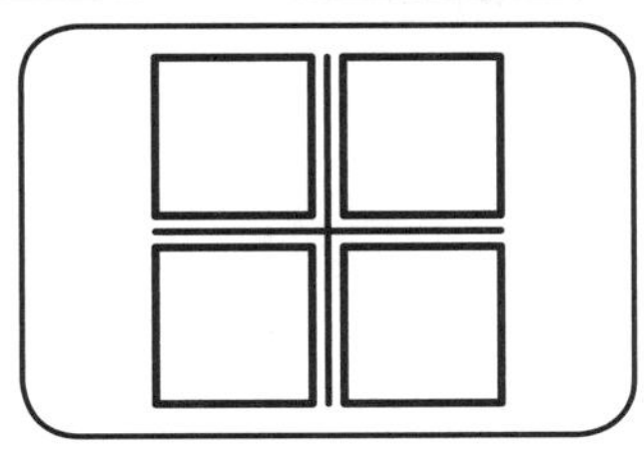

Phrase réponse :

III

Il est possible de mettre 120 olives dans 8 petits bocaux.
Il faut encore ranger 390 olives.

Combien de bocaux seront nécessaires ?

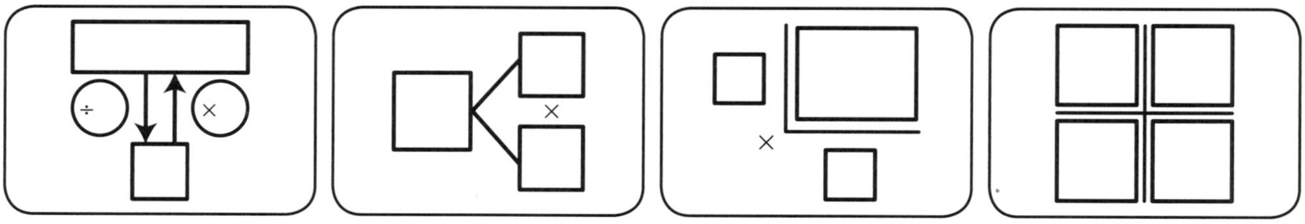

Phrase réponse :

IV

Trois ordinateurs coutent 1 377 €. Une école voudrait équiper la salle informatique avec 7 ordinateurs.

Combien coutent 7 ordinateurs ?

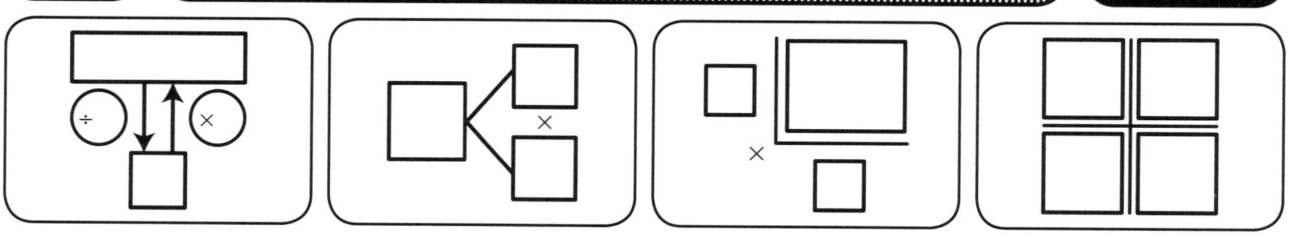

Phrase réponse :

V

Stéphane a un terrain de 87 564 m². Il le partage équitablement entre ses enfants. Ils ont donc 21 891 m² chacun.

Combien Stéphane a-t-il d'enfants ?

× ÷

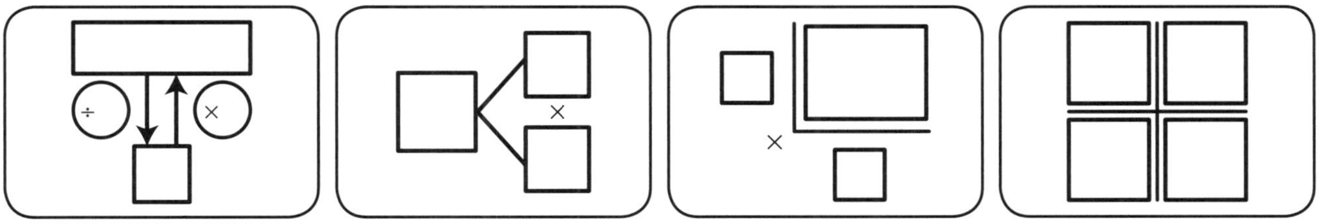

Phrase réponse :

VI

Lors du repas suivant un mariage il y a 658 invités qui sont assis autour de 47 tables.

Combien y a-t-il d'invités par table ?

× ÷

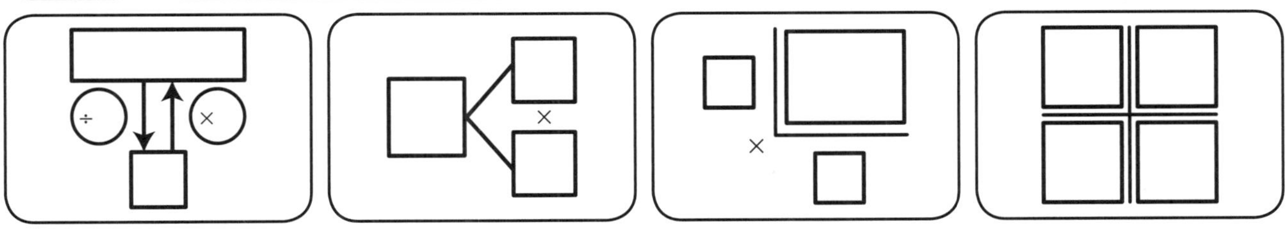

Phrase réponse :

VII

Des élèves veulent calculer l'aire et le périmètre de la cour de récréation. La cour est un carré et les élèves mesurent son côté. Ils trouvent 75 m.

Quelle est son aire ? Son périmètre ?

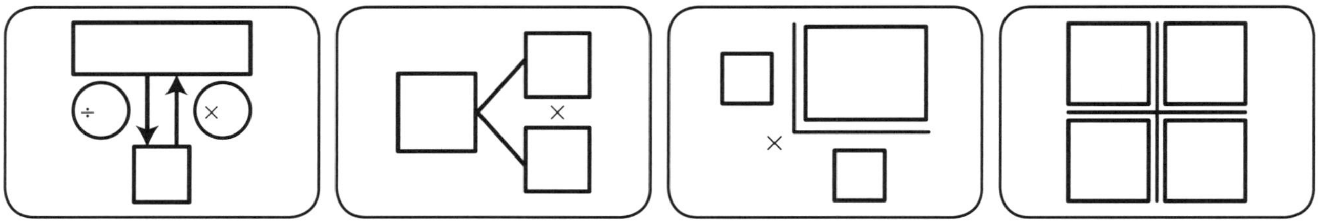

Phrase réponse :

VIII

Je vais chez M. Sanchez qui vend des glaces. Il a 14 parfums différents et je peux choisir parmi eux pour chaque boule.

Combien de glaces différentes de 3 boules puis-je former en tout ?

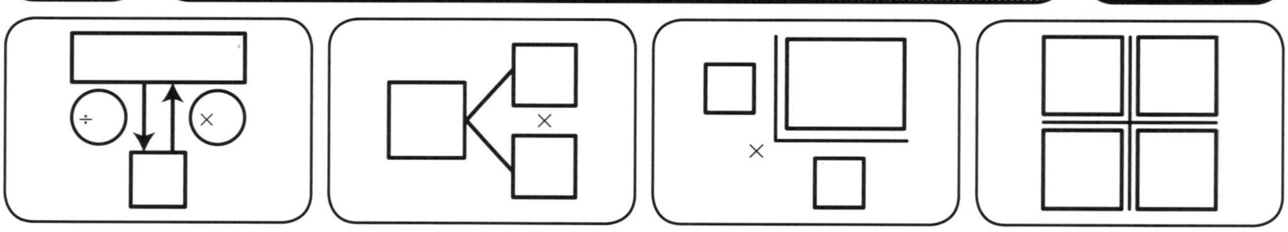

Phrase réponse :

CHAPITRE 5

Résolution de problèmes

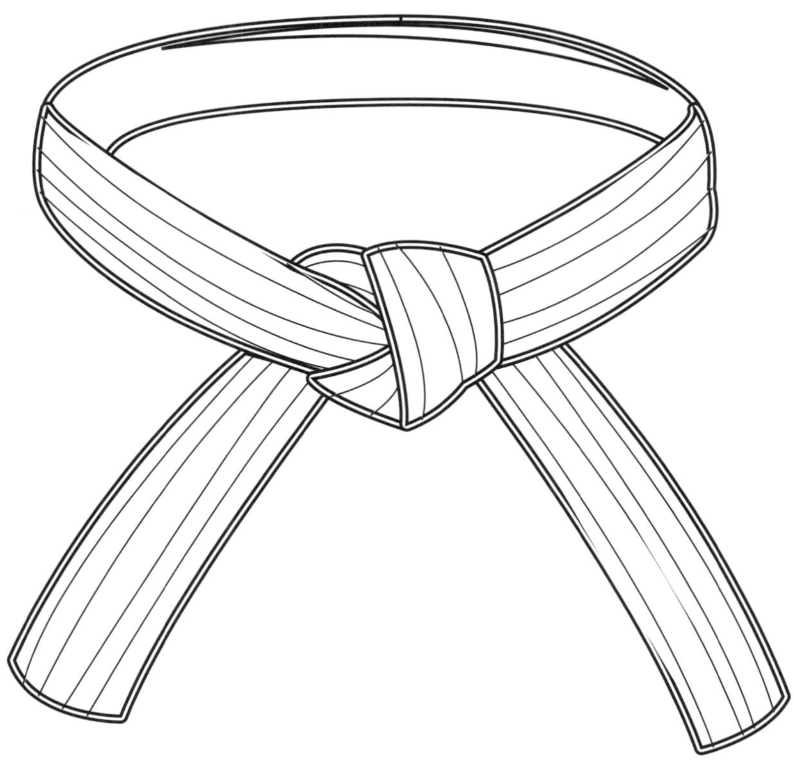

Dans ma trousse, il y a 8 feutres rouges et des feutres bleus.
J'ai 12 feutres en tout. **Combien y a-t-il de feutres bleus ?**

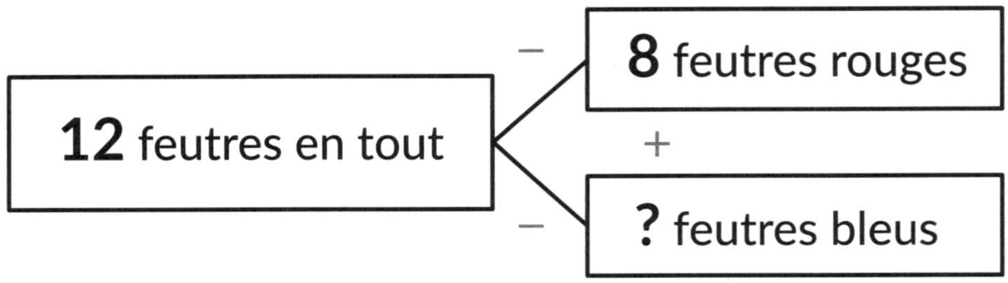

Dans ma trousse, il y a 8 feutres rouges.
Mon copain en a 4 de plus. **Combien a-t-il de feutres ?**

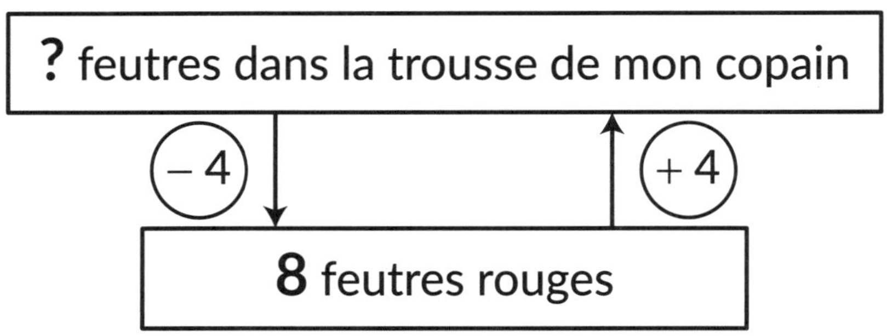

Dans ma trousse, j'ai ajouté 8 feutres rouges et
j'ai 12 feutres maintenant. **Combien de feutres avais-je avant ?**

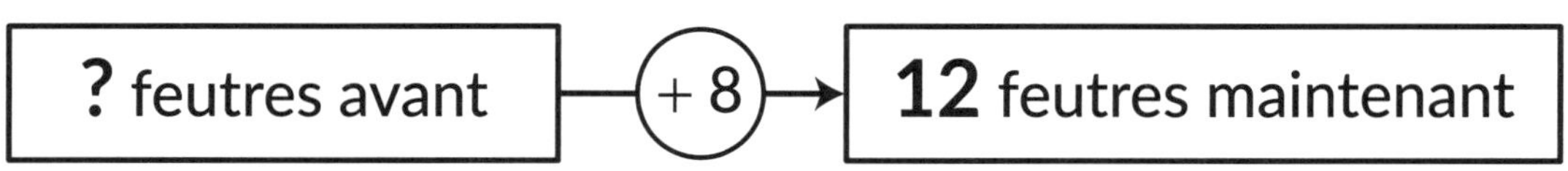

Dans ma trousse, j'ajoute 8 feutres rouges puis
j'ajoute 4 feutres bleus. **Combien ai-je ajouté de feutres ?**

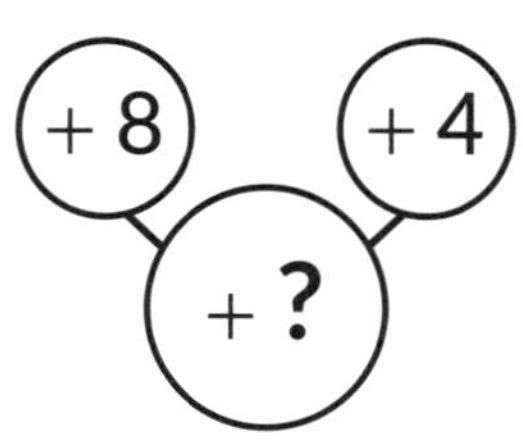

1

Mon frère a 14 ans et 3 mois de plus que moi.
J'ai 12 ans et 6 mois.

Quel est l'âge de mon frère ?

+ -

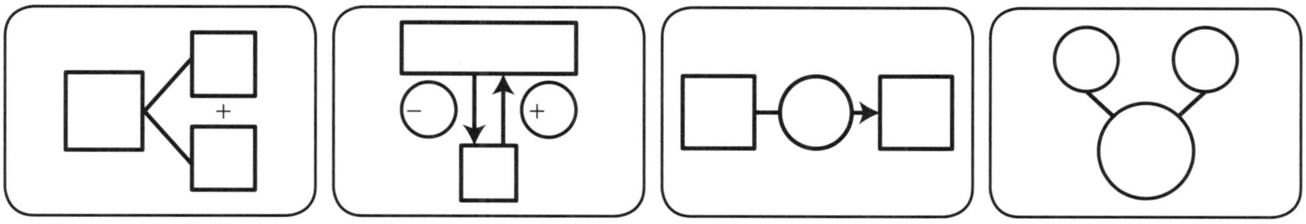

Phrase réponse :

2

Un commerçant a 3 256,45 € dans sa caisse ce matin.
Il gagne 15 432,55 € durant la journée.

Combien a-t-il d'argent en tout ce soir dans sa caisse ?

+ -

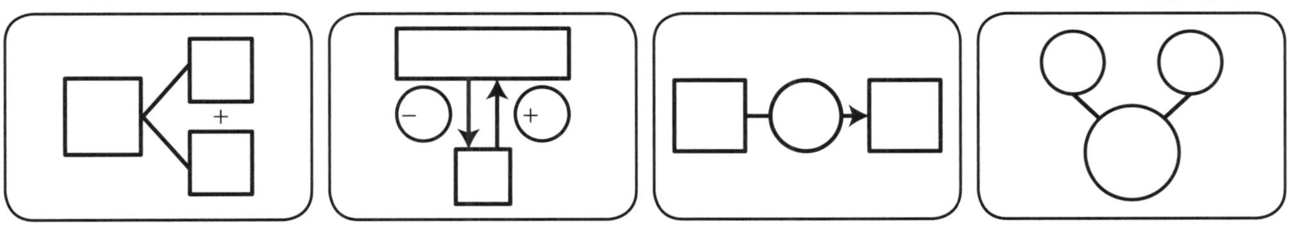

Phrase réponse :

3

Les élèves des écoles d'Argenteuil se rendent à la salle Jean Vilar.
Il y a 412 places réservées pour l'école primaire J.-J. Rousseau,
148 places pour l'école maternelle J.-J. Rousseau
et 99 places pour la maternelle Anne Franck.

Combien de places ont été réservées en tout ?

+ –

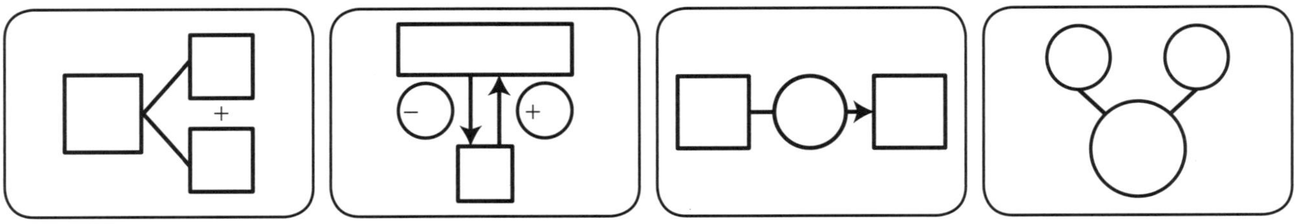

Phrase réponse :

4

Dans son aquarium, Frédéric ajoute 220 nouveaux poissons
mais il doit en enlever ensuite pour les donner à Marianne.
Finalement, c'est comme s'il n'avait ajouté que 84 poissons.

Combien de poissons a-t-il donnés à Marianne ?
S'il avait 163 poissons au départ, combien en a-t-il finalement ?

+ –

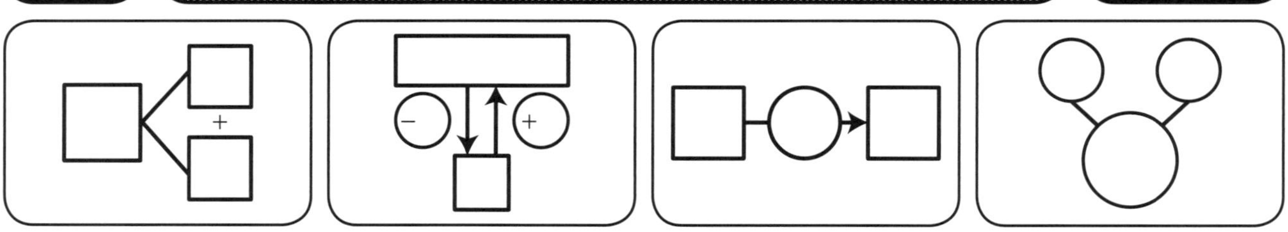

Phrase réponse :

5

Une baleine bleue pesait 163 000 kg.
Elle donne naissance à un baleineau et ne pèse plus que 160 487 kg.

Quelle masse a-t-elle perdue en mettant au monde le baleineau ?

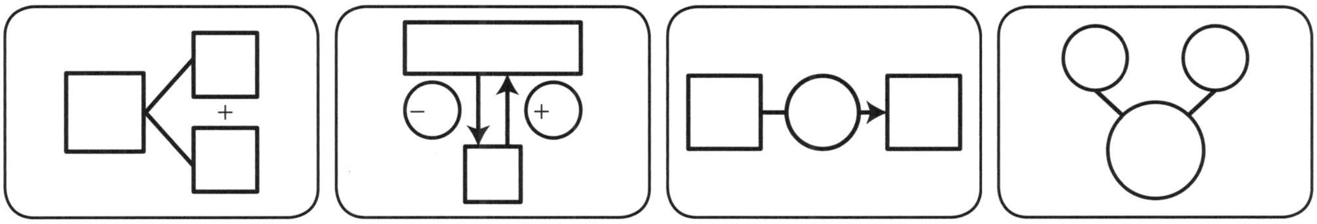

Phrase réponse :

6

Un Apatosaure pesait 29 850 kg tandis qu'un Diplodocus pesait 14 520 kg.

Combien de kilos de plus pesait l'Apatosaure ?

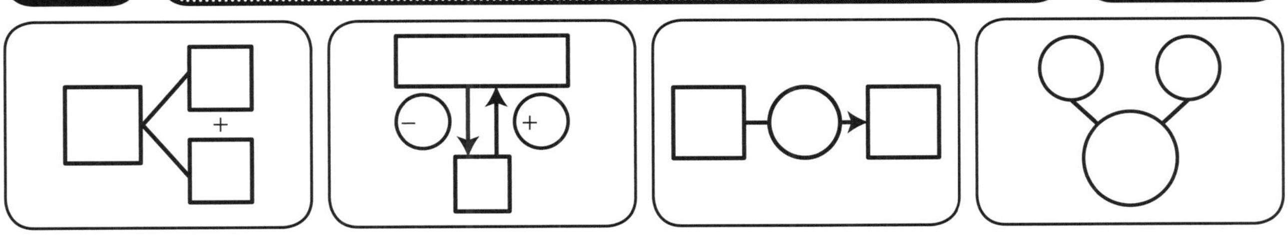

Phrase réponse :

7

Je vais faire des achats. J'achète un pantalon à 84,50 €, une chemise à 57,30 €, une casquette à 17 € et un bracelet à 28,75 €.

Combien vais-je payer en tout ?

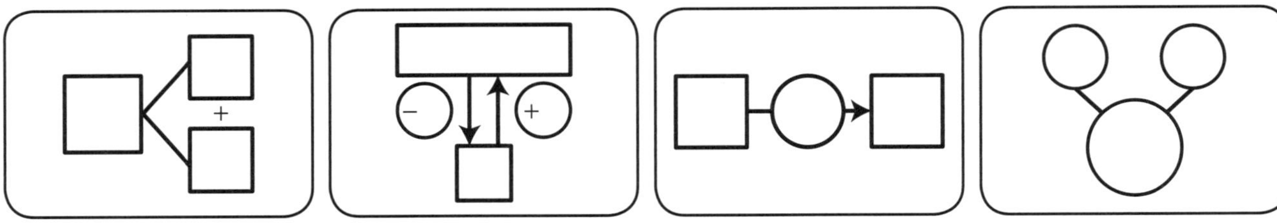

Phrase réponse :

8

Le compteur kilométrique de ma voiture indique 99 388 km aujourd'hui. J'avais parcouru 6 237 km pendant les dernières vacances.

Qu'indiquait le compteur avant que je parte en vacances ?

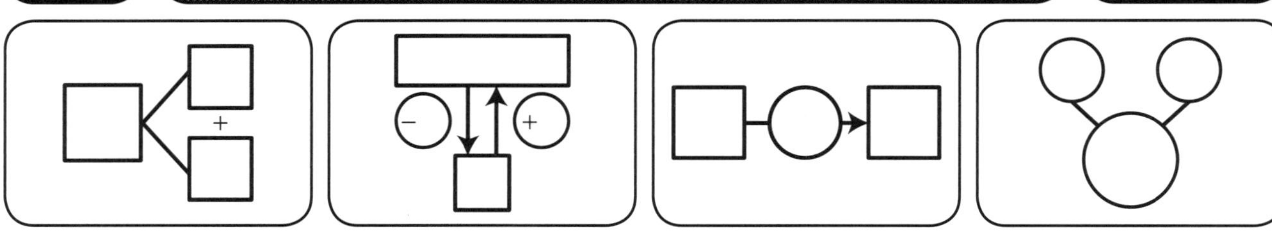

Phrase réponse :

I

Juliette a fabriqué une étagère de bricolage avec 42 cases de rangement. Chaque case peut contenir 263 clous.

Combien de clous peuvent être rangés dans l'étagère ?

× ÷

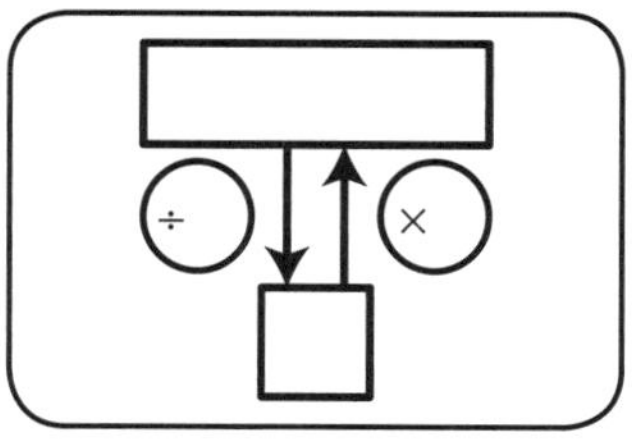

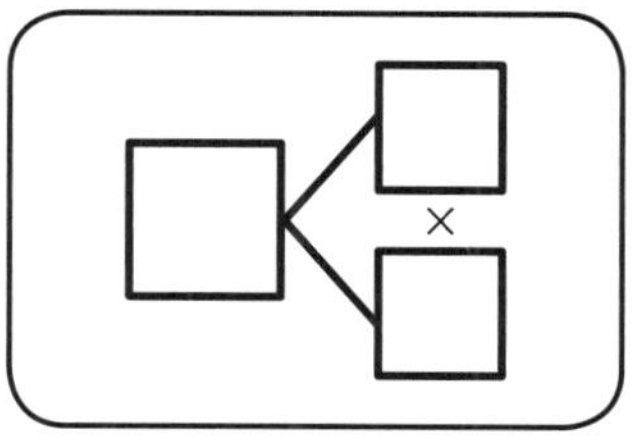

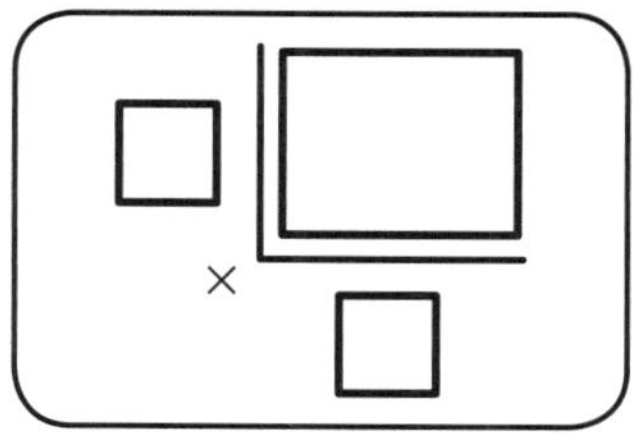

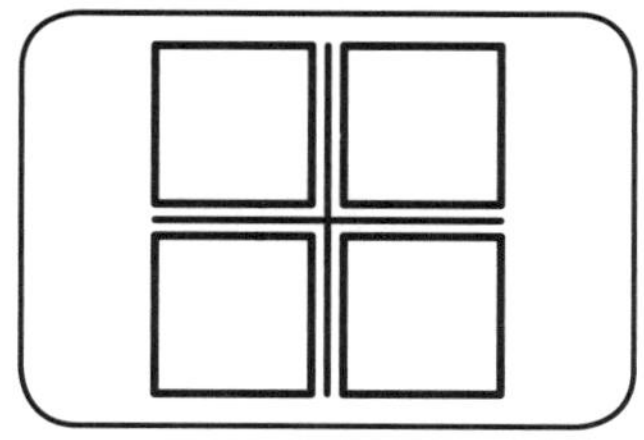

Phrase réponse :

II

Roberto a 948 € de budget pour acheter du matériel sportif pour le centre de jeu. Il veut acheter des balles qui coutent 3,50 € l'unité.

Combien de balles peut-il acheter ?

× ÷

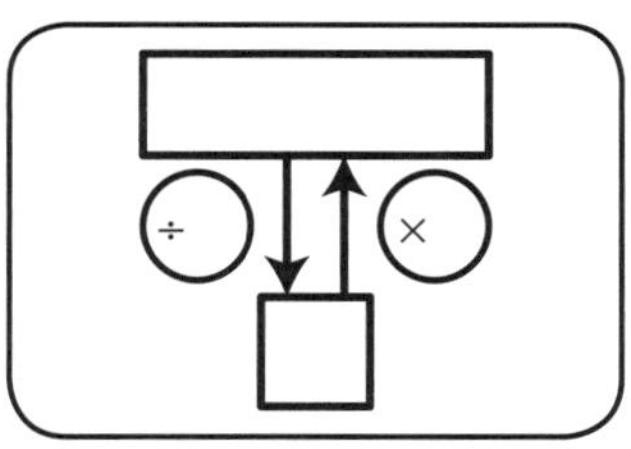

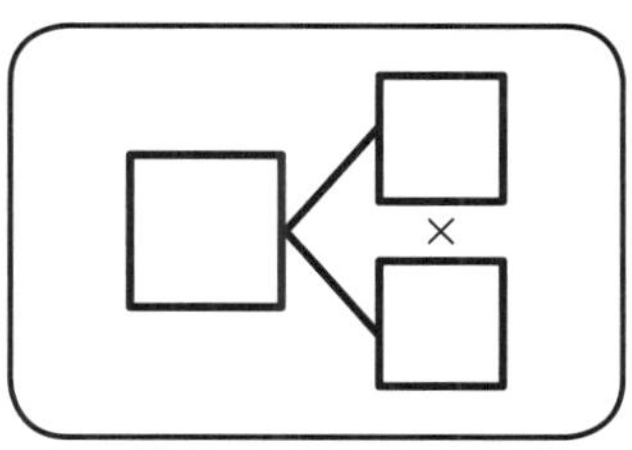

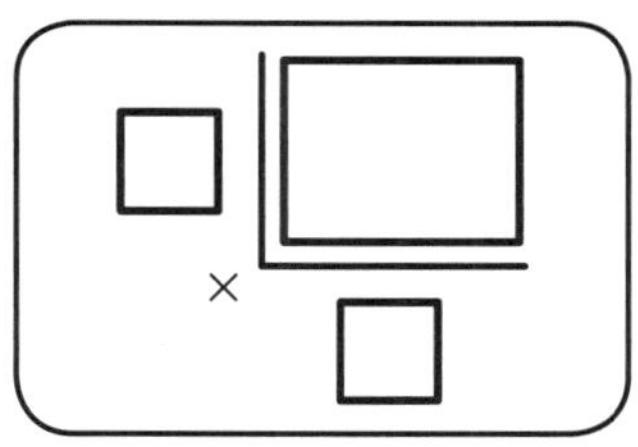

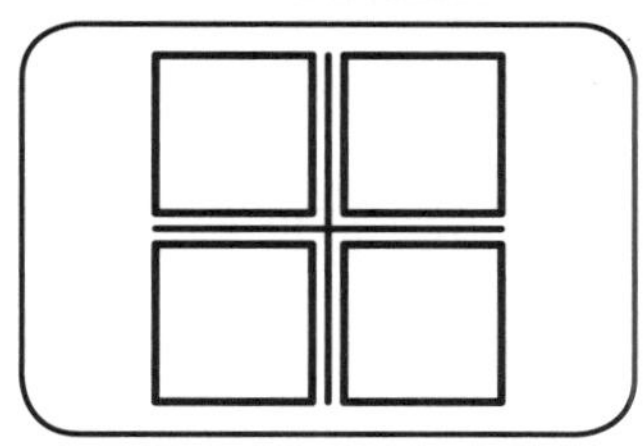

Phrase réponse :

III

Dans notre école, il y a 425 élèves.
Dans le lycée de la ville, il y en a 7,4 fois plus.

Combien d'élèves y a-t-il dans le lycée de la ville ?

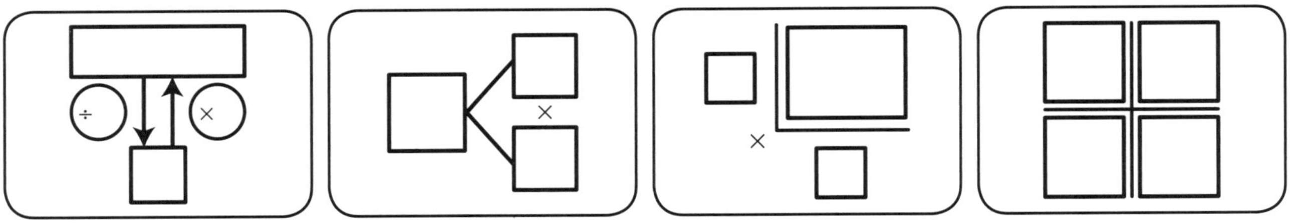

Phrase réponse :

IV

Combien de nombres de 4 chiffres puis-je former avec les chiffres 1, 2, 3 et 4 ?
Je peux utiliser plusieurs fois le même chiffre.

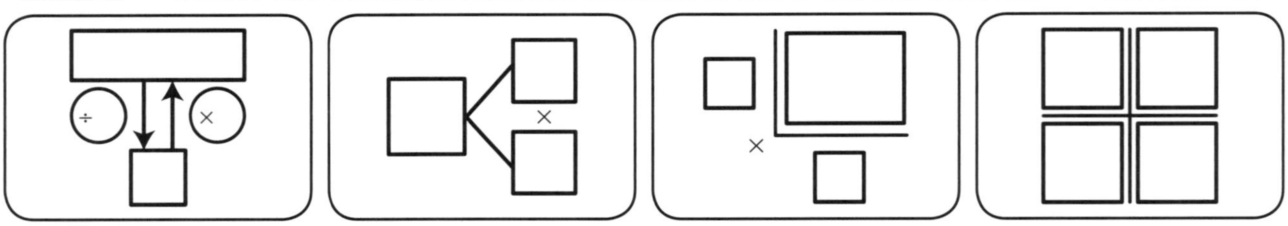

Phrase réponse :

V

Le carreleur installe des petits carreaux sur le sol pour fabriquer une mosaïque. Il y a 128 carreaux sur la longueur et 54 sur la largeur.

Combien y a-t-il de carreaux en tout sur le sol ?

× ÷

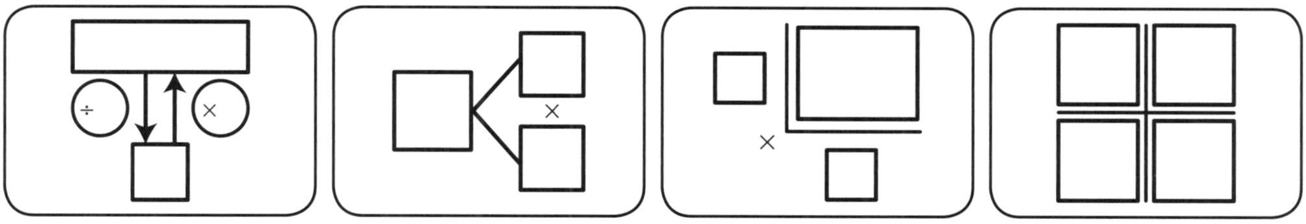

Phrase réponse :

VI

Le vétérinaire a donné à Bilal une boite contenant 5 673 croquettes pour son chien. Il y a assez de croquettes pour 31 jours.

Combien de croquettes le chien mange-t-il chaque jour ?

× ÷

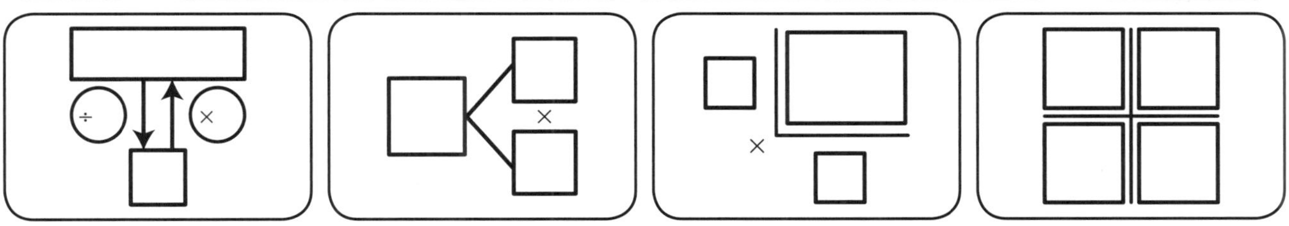

Phrase réponse :

VII

La voiture de mes parents consomme 5 litres de carburant pour rouler 100 kilomètres. Le réservoir plein contient 58 litres.

Combien de kilomètres peuvent-ils rouler au maximum ?

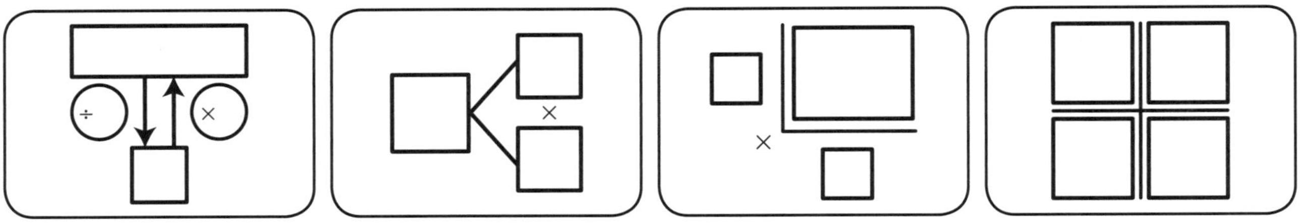

Phrase réponse :

VIII

Pour le repas d'un mariage le fleuriste a composé 254 bouquets de fleurs. Dans chaque bouquet, il y a 32 fleurs.

Combien de fleurs a-t-il utilisées ?

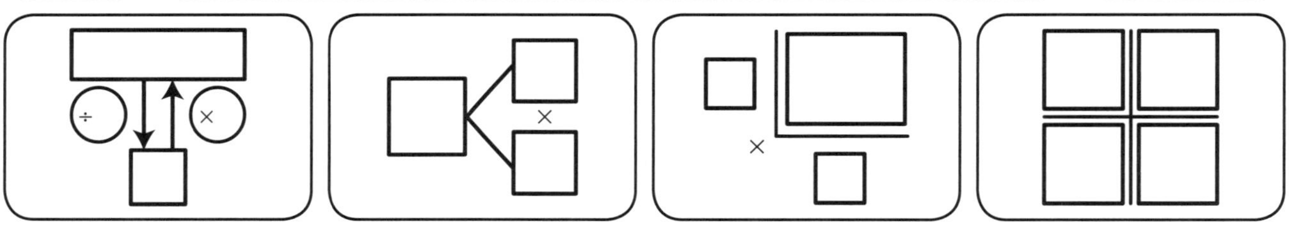

Phrase réponse :

CHAPITRE 6

Résolution de problèmes

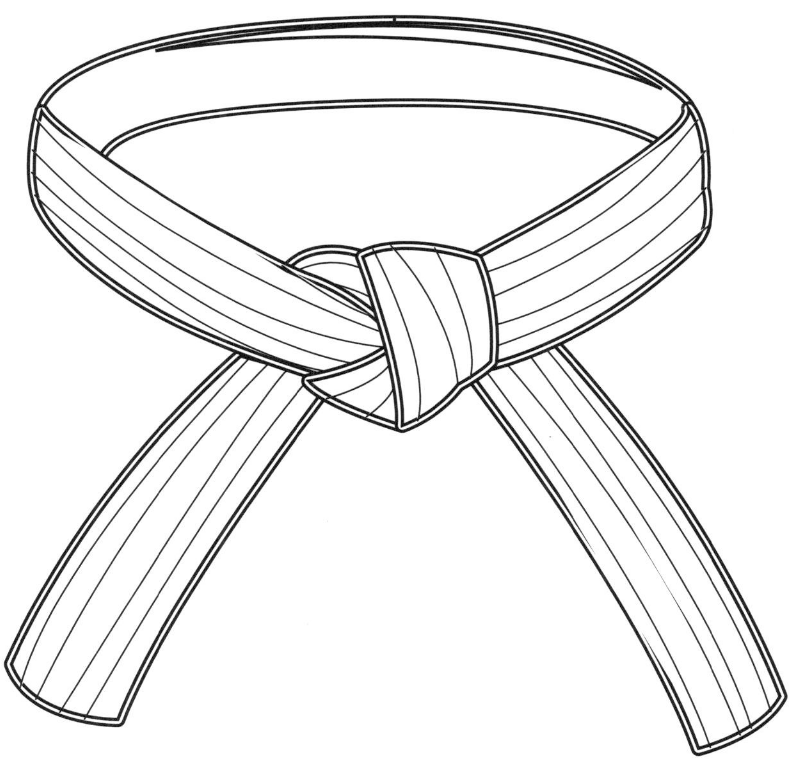

Dans ma réserve de vêtements il y a 2 pantalons différents et 3 pulls. **Combien de tenues différentes puis-je former ?**

6 tenues différentes ÷ → **2** pantalons différents × **3** pulls

---

Dans ma trousse, il y a 8 feutres rouges.
Mon copain en a 4 fois plus. **Combien a-t-il de feutres ?**

? feutres dans la trousse

÷ 4 ↓ ↑ × 4

8 feutres rouges

Sur une tablette de chocolat il y a 4 carrés sur la longueur et 3 carrés sur la largeur. **Combien de carré y a-t-il ?**

Largeur : 3 carrés ‖ Nombre de carrés

× Longueur : 4 carrés

Dans 1 sac il y a 5 billes.
Dans 3 sacs il y a combien de billes ?

1 sac de billes	**5** billes dans **1** sac
3 sacs de billes	**15** billes dans **3** sacs

$3 \times 5 = 15$

$15 \div 3 = 5$

$15 \div 5 = 3$

1

Un fleuriste compose un bouquet avec 37 œillets, 19 tulipes, 48 roses et 57 marguerites.

Combien de fleurs composent le bouquet ?

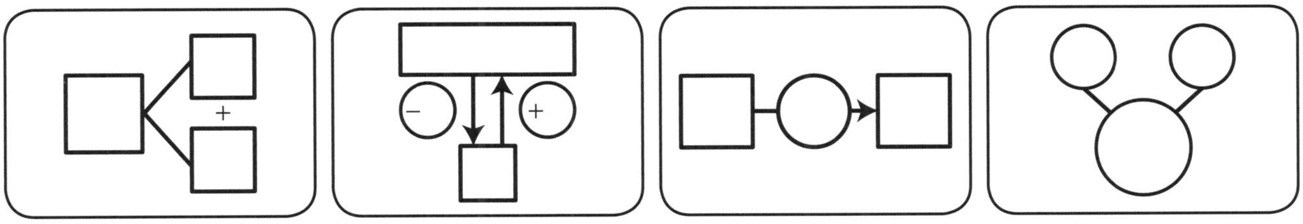

Phrase réponse :

2

J'ai ajouté 4 587 € sur mon compte épargne cette année. Il y a maintenant 13 245 € sur ce compte.

Combien d'argent avais-je sur mon compte épargne avant ?

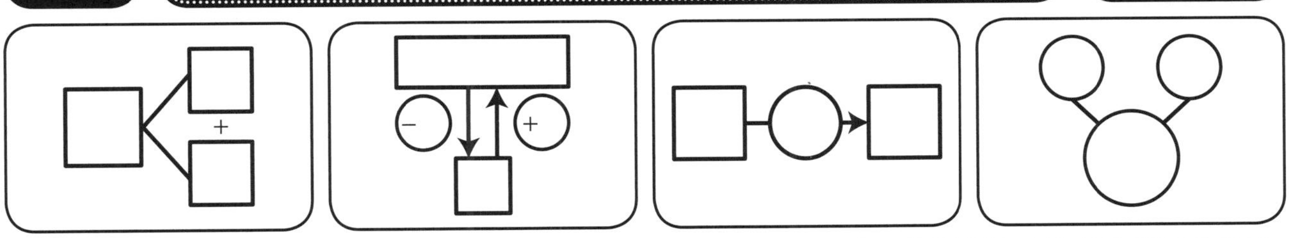

Phrase réponse :

3

À Argenteuil il y a 104 282 habitants.
Dans ma ville natale, il y a seulement 4 069 habitants.

Combien y a-t-il d'habitants en moins dans ma ville natale ?

+ −

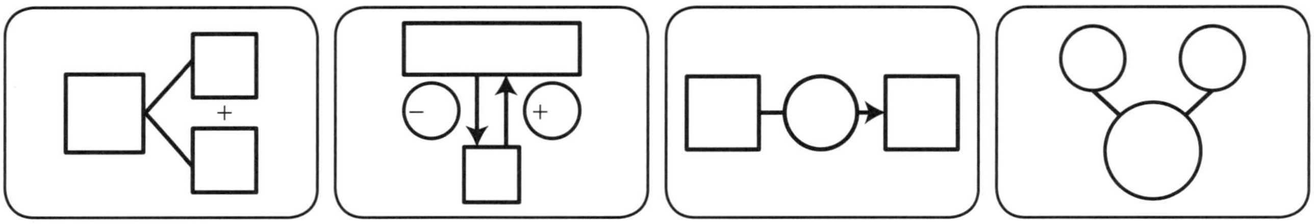

Phrase réponse :

4

La somme de trois nombres est 879.
L'un de ces trois nombres est 42, un autre est 359.

Quel est le troisième ?

+ −

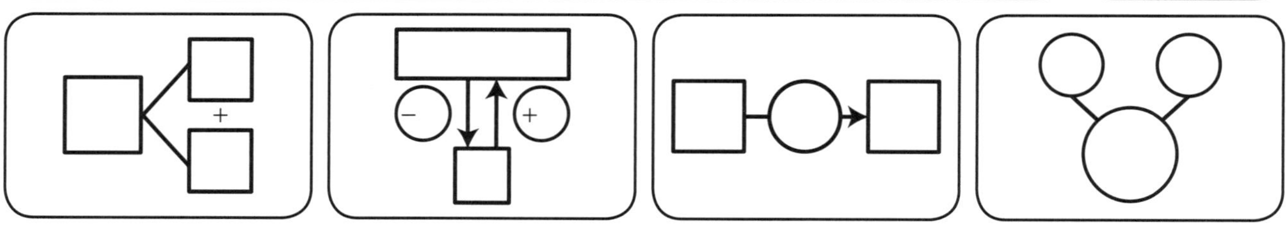

Phrase réponse :

5

Dans son entrepôt, un fleuriste ajoute 5 760 fleurs fraiches.
Puis il retire 1 940 fleurs fanées.

Combien de fleurs a-t-il ajoutées en tout ?

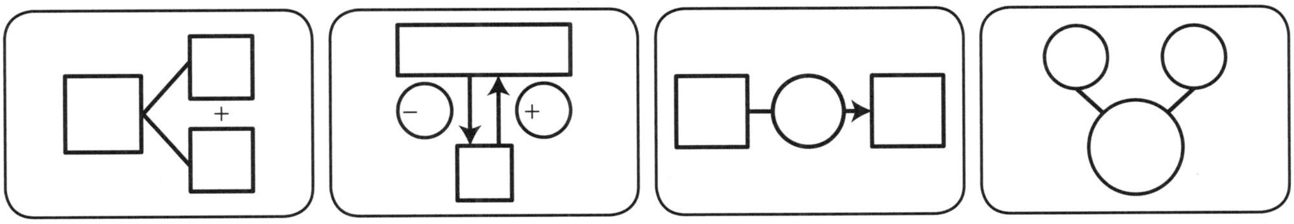

Phrase réponse :

6

Un magasin d'usine vend l'ensemble « Veste, chemise, pantalon » pour 299,75 €. La chemise est au prix de 49 € et la veste à 169 €.

Quel est le prix du pantalon ?

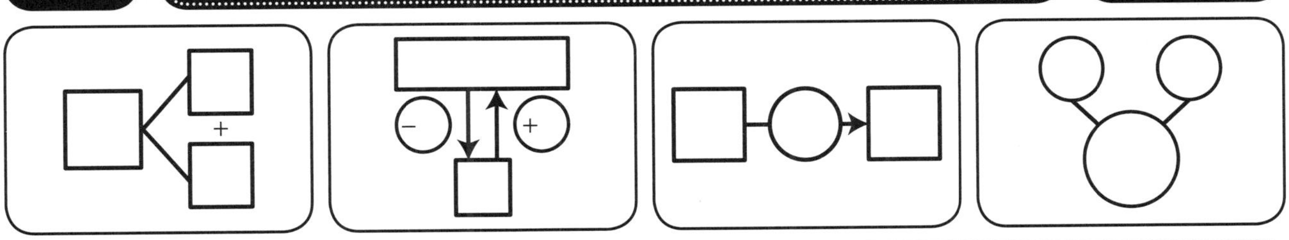

Phrase réponse :

7

La maison de mon oncle vaut 365 800 €.
Elle vaut 143 950 € de plus que celle de mon cousin.

Quelle est la valeur de la maison de mon cousin ?

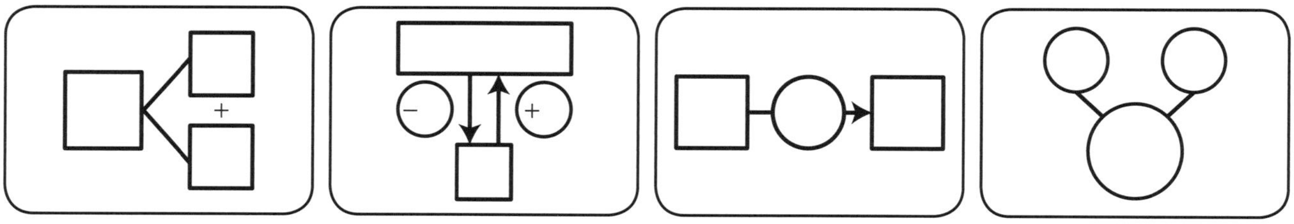

Phrase réponse :

8

Un livreur a 4 356 cartons de papier dans son camion pour les écoles de la ville. Il livre 230 cartons pour la première et 750 pour la seconde.

Combien lui en reste-t-il pour les prochaines écoles ?

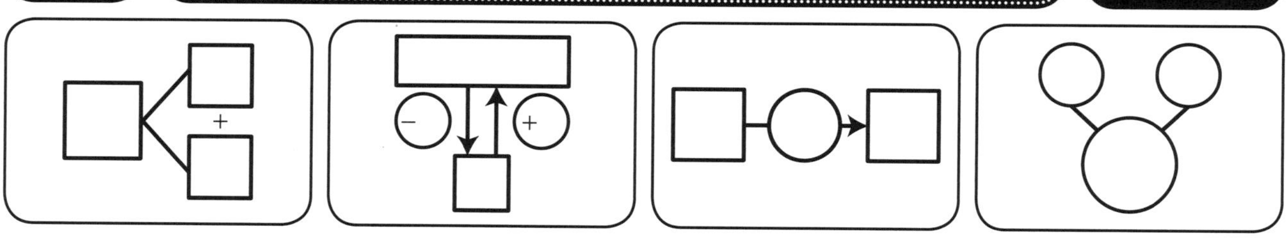

Phrase réponse :

I

Dans les rayons du supermarché il y a 42 paquets de yaourt.
Cela représente 504 yaourts.
Dans la réserve du magasin il y a 220 paquets.

Combien y a-t-il de yaourts en réserve ?

× ÷

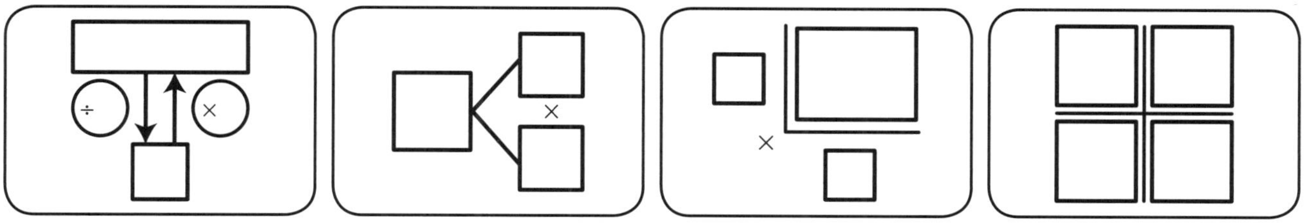

Phrase réponse :

II

Aujourd'hui notre ville compte 126 840 habitants.
Il y a 50 ans elle en comptait 28 fois moins.

Combien d'habitants comptait la ville il y a 50 ans ?

× ÷

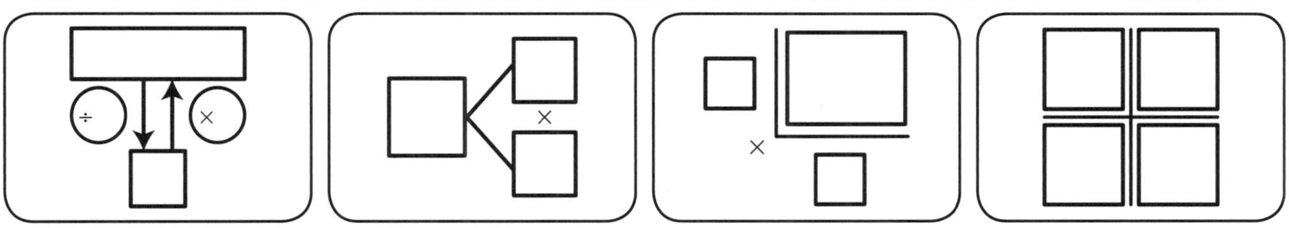

Phrase réponse :

III

Ce mois-ci une fermière va ranger 15 294 œufs
dans des boites de 6 œufs.

Combien de boites va-t-elle remplir ?

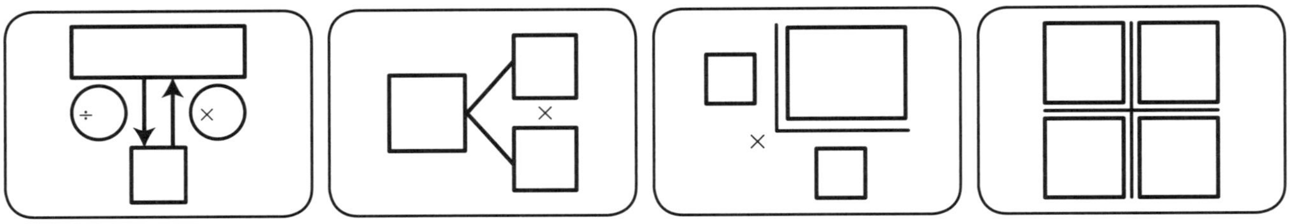

Phrase réponse :

IV

Pour réaliser des maquettes d'avions, on a le choix entre
13 formes d'ailes, 4 formes d'hélices et 15 formes de fuselage.

Combien d'avions différents peut-on construire ?

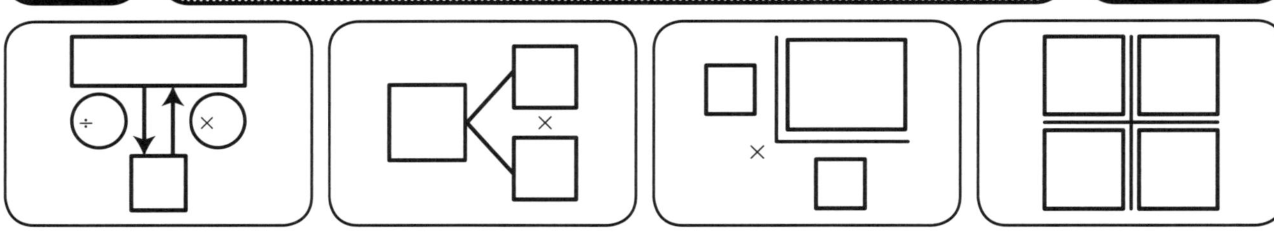

Phrase réponse :

V

Il existe plusieurs formats de feuilles.
L'un des plus connus est le format A4 qui mesure 210 mm sur la largeur et 297 mm sur sa longueur.

Quelle est l'aire d'une feuille au format A4 en mm² ?

× ÷

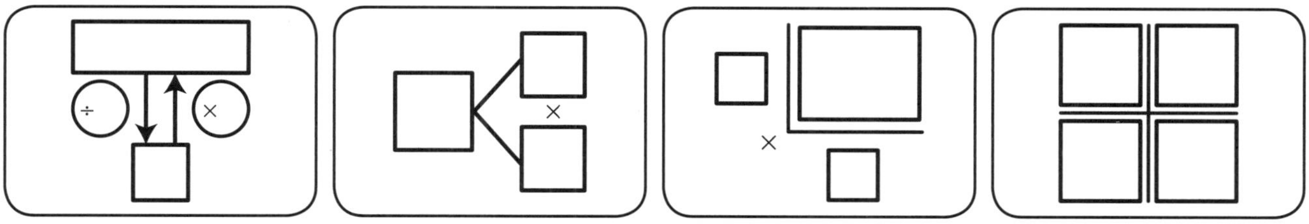

Phrase réponse :

VI

La voiture de mes parents peut parcourir 19 kilomètres avec 1 litre de carburant. Nous avons parcouru 1 102 kilomètres.

Combien de litres de carburant avons-nous consommés ?

× ÷

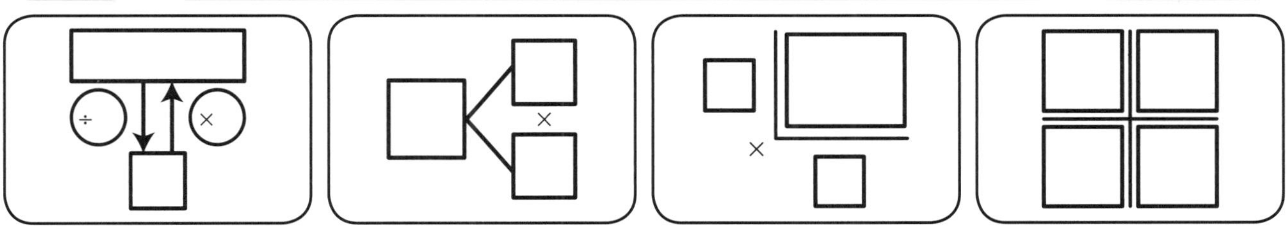

Phrase réponse :

VII

Pour sa collection d'images de joueurs de football, Laura a acheté des paquets de 8 vignettes. Elle a maintenant 2 736 images.

Combien de paquets de 8 vignettes ont été achetés par Laura ?

× ÷

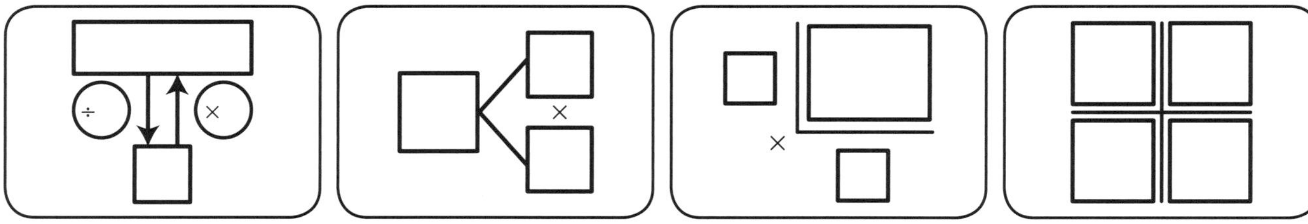

Phrase réponse :

VIII

Pour faire un gâteau pour 5 personnes, il faut : 250 g de farine, 130 g de beurre, 5 œufs, 110 g de chocolat et 140 g de sucre.

Que faudrait-il pour 13 personnes ?

× ÷

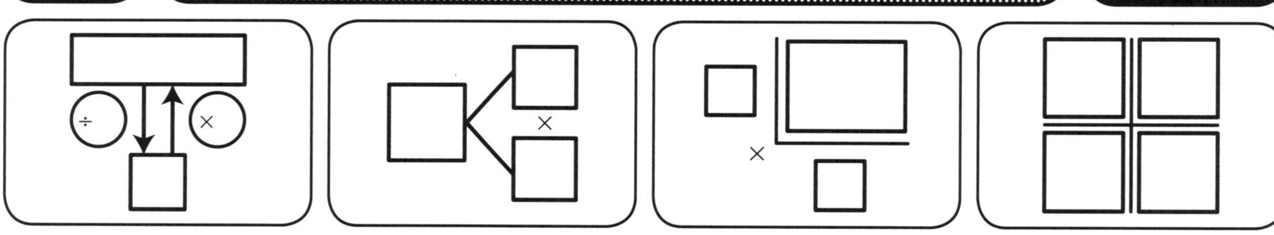

Phrase réponse :

CHAPITRE 7

Résolution de problèmes

Dans ma trousse, il y a 8 feutres rouges et des feutres bleus.
J'ai 12 feutres en tout. **Combien y a-t-il de feutres bleus ?**

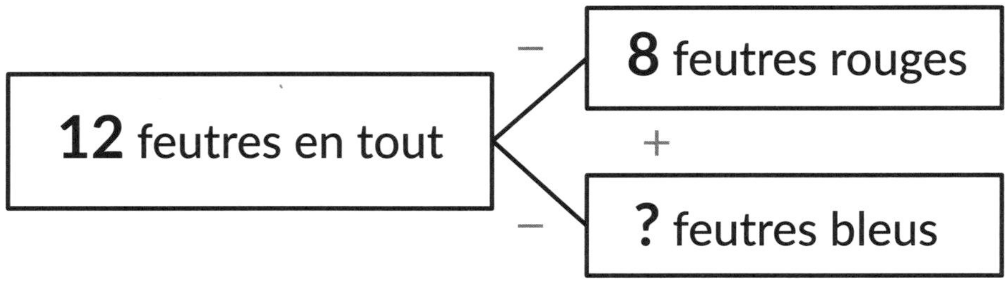

Dans ma trousse, il y a 8 feutres rouges.
Mon copain en a 4 de plus. **Combien a-t-il de feutres ?**

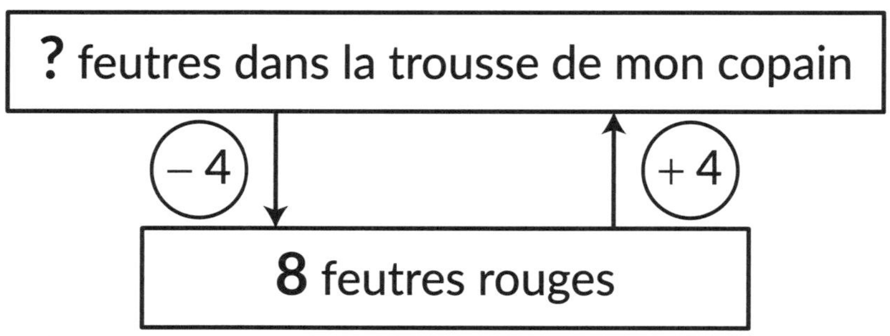

Dans ma trousse, j'ai ajouté 8 feutres rouges et
j'ai 12 feutres maintenant. **Combien de feutres avais-je avant ?**

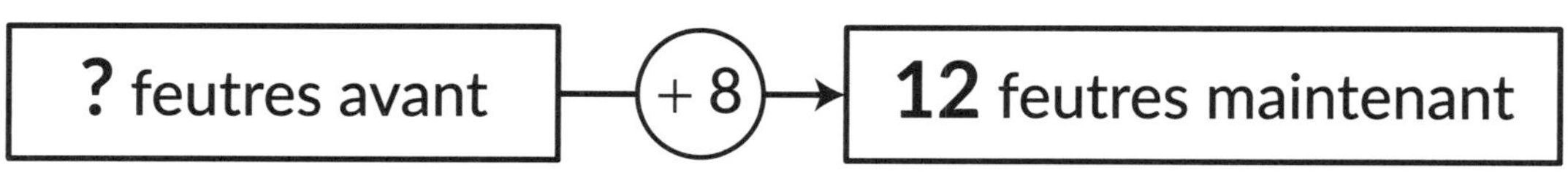

Dans ma trousse, j'ajoute 8 feutres rouges puis
j'ajoute 4 feutres bleus. **Combien ai-je ajouté de feutres ?**

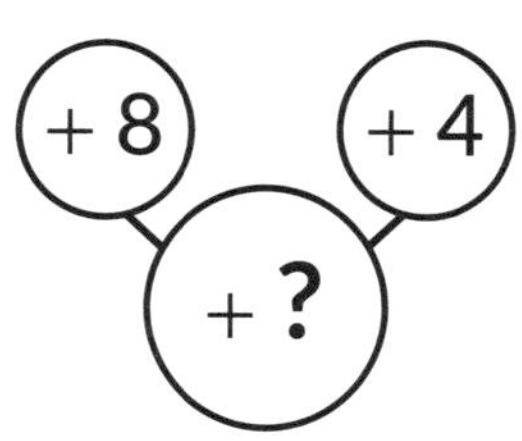

1

Le coffre de la banque contient 74 523 €.
Des voleurs réussissent à se saisir d'un sac de 14 520 €
et d'un autre de 23 105 €.

Combien d'argent reste-t-il dans le coffre de la banque ?

+ –

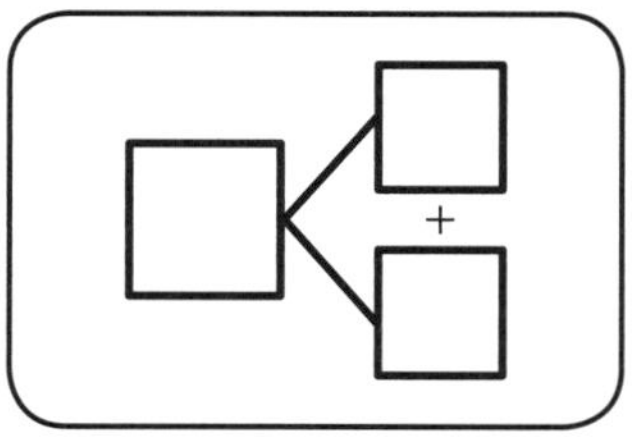
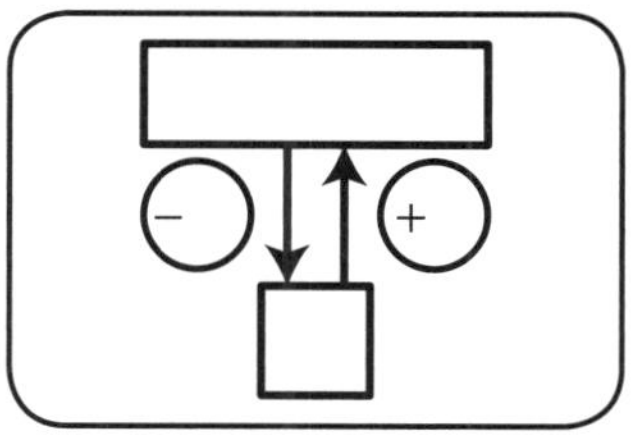
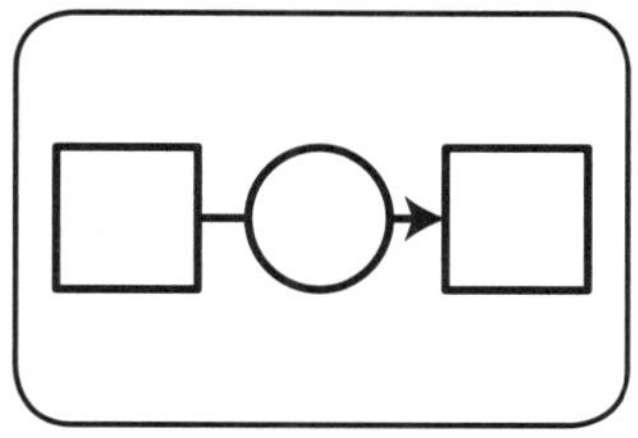

Phrase réponse :

2

Yannis a gagné 26 745,98 € de salaire cette année.
David a gagné 12 798,46 € de moins que lui.

Combien d'argent David a-t-il gagné cette année ?

+ –

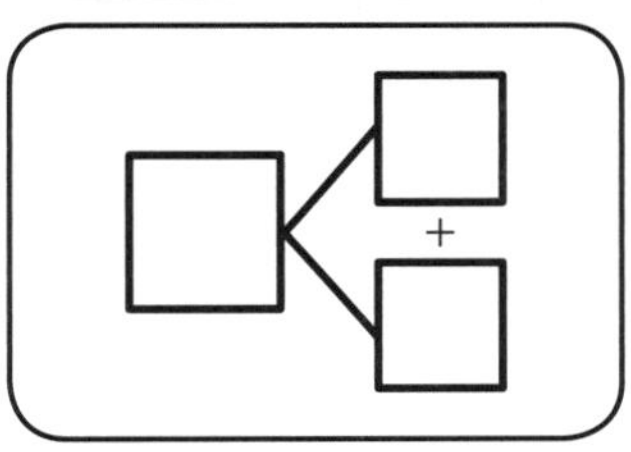
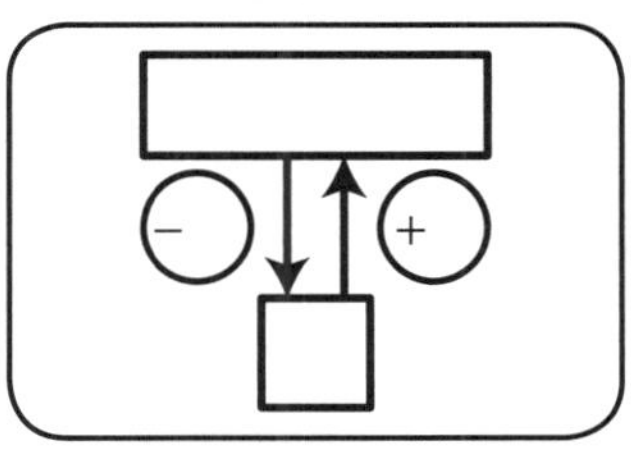
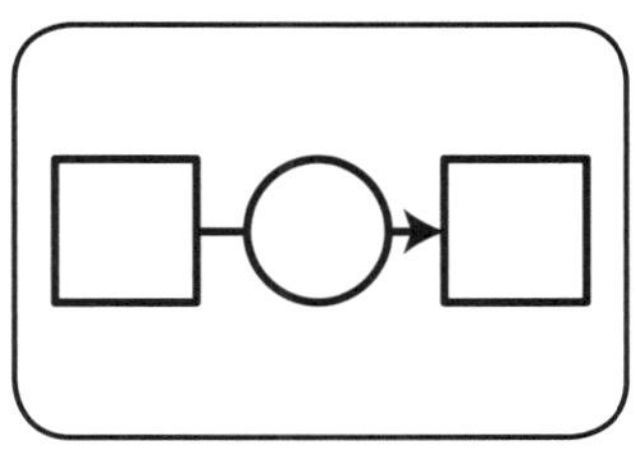
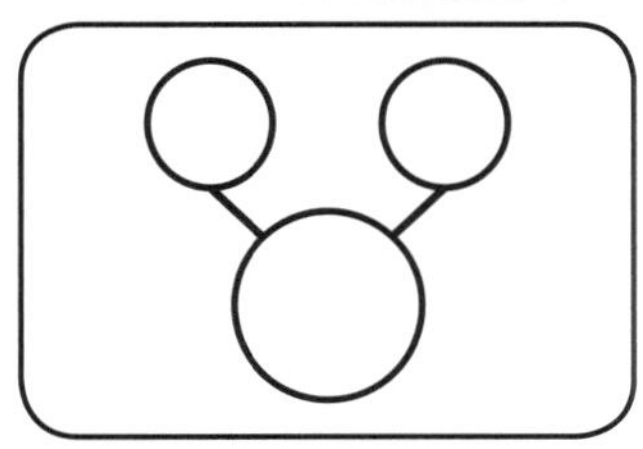

Phrase réponse :

3

Pendant les vacances j'ai parcouru 451,5 km en 3 étapes.
À la première j'ai parcouru 46,7 km, à la seconde 148,3 km.

Combien de km ai-je parcouru lors de la troisième étape ?

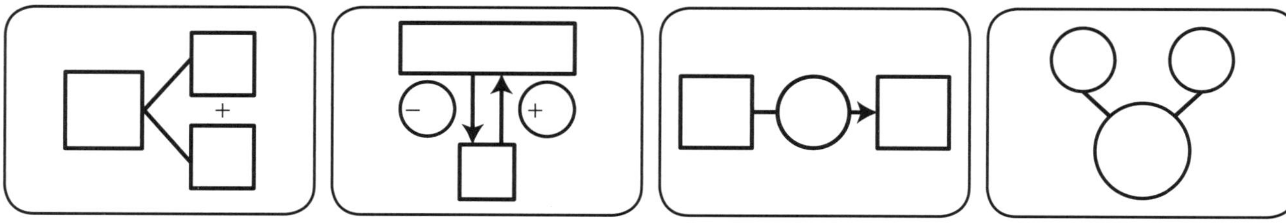

Phrase réponse :

4

Notre arrosoir contient 1,250 litres d'eau.
Nous versons 350 ml sur les carottes et 290 ml sur les salades.

Quel volume d'eau reste-t-il dans l'arrosoir ?
Combien de ml ai-je versés ?

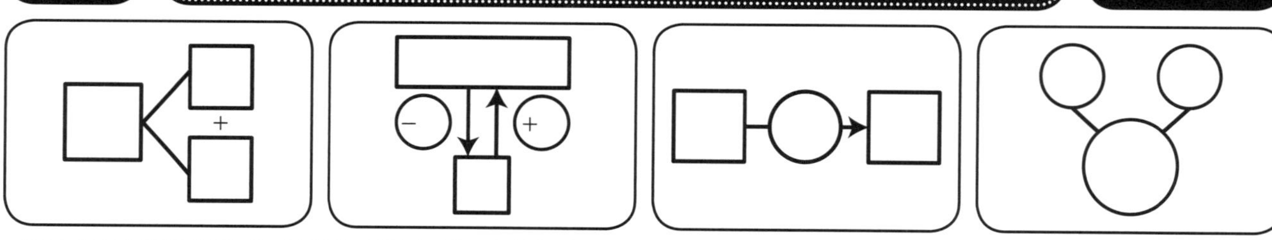

Phrase réponse :

5

Des gendarmes font peser des voitures pour éviter les surcharges.
La première voiture pèse 3 270,5 kg.
La seconde voiture pèse 2 786,3 kg.

De combien de kilogrammes la seconde voiture est-elle plus légère ?

+ −

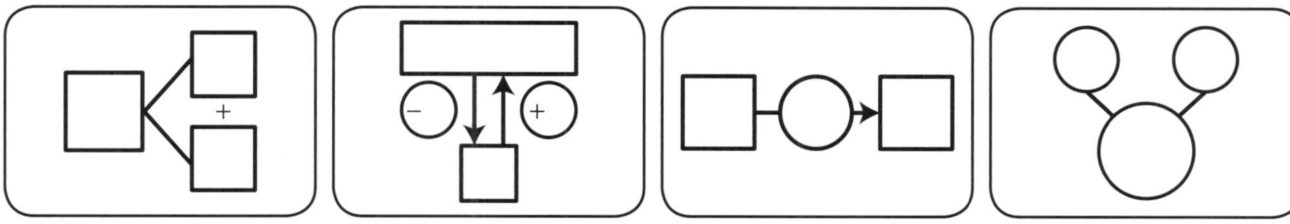

Phrase réponse :

6

Norbert joue à des jeux d'argent au casino.
Il gagne tout d'abord 235,55 € puis il perd 782,35 €.
Il avait 605 € avant de commencer à jouer.

Combien a-t-il gagné ou perdu en tout ? Combien lui reste-il d'argent ?

+ −

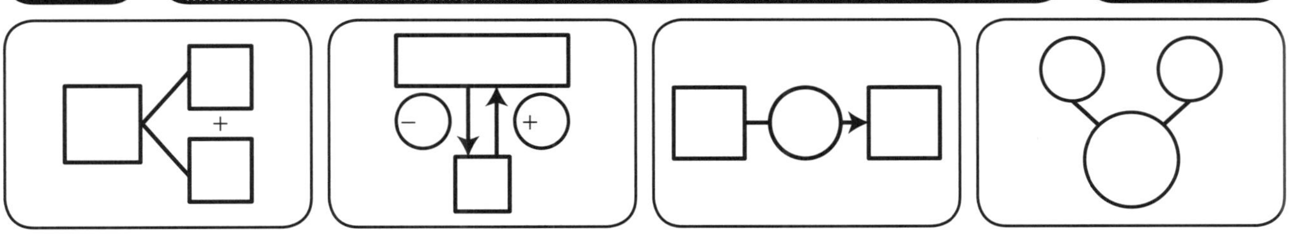

Phrase réponse :

7

Avant une violente tempête il y avait 58 639 arbres répertoriés dans la forêt par les gardes forestiers.
Après son passage il n'en reste que 29 748.

Combien d'arbres ont été abattus par la tempête ?

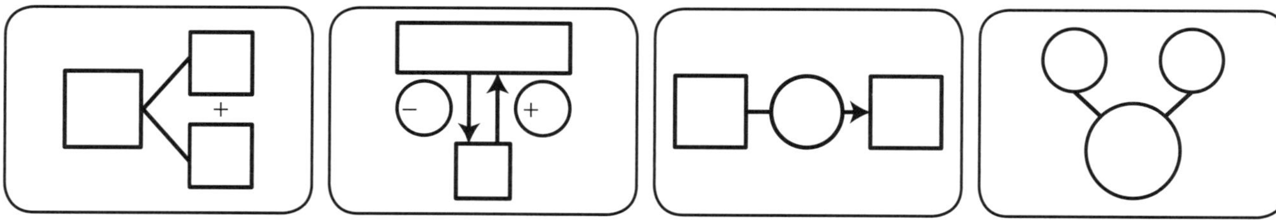

Phrase réponse :

8

Une librairie a 4 200 cartes à vendre. Elle vend 350 cartes en janvier, 240 cartes en février et 560 cartes en mars.

Combien de cartes ont été vendues ?
Combien reste-t-il de cartes pour le mois d'avril ?

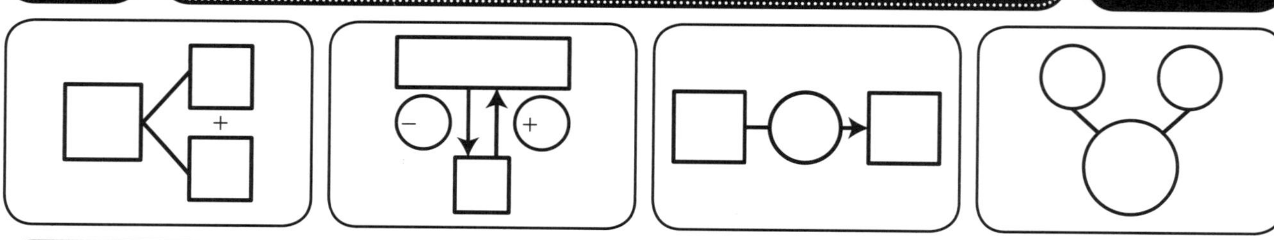

Phrase réponse :

I

L'épicier a reçu sa commande de boites de thé.
Il reçoit 3 cartons. Un seul carton de 24 boites lui a couté 468 €.

Quel est le prix de la boite de thé ?
Quel est le prix total de toutes les boites ?

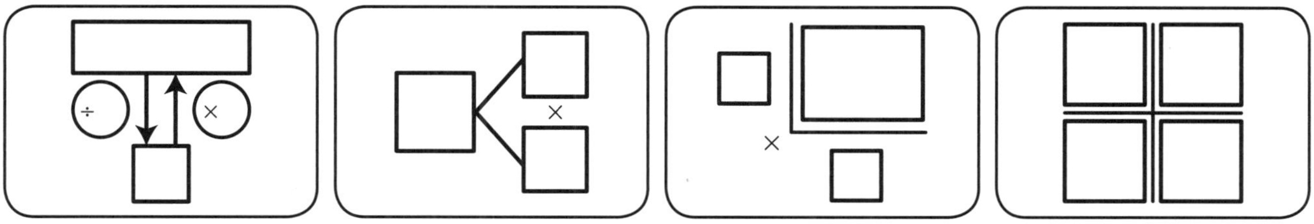

Phrase réponse :

II

Marie a acheté 3 bouteilles de jus de fruits.
La première contient 124 g de sucre, la deuxième 2,5 fois plus et la troisième en contient 1,6 fois moins que la première.

Quelle est la masse de sucre dans les bouteilles ?

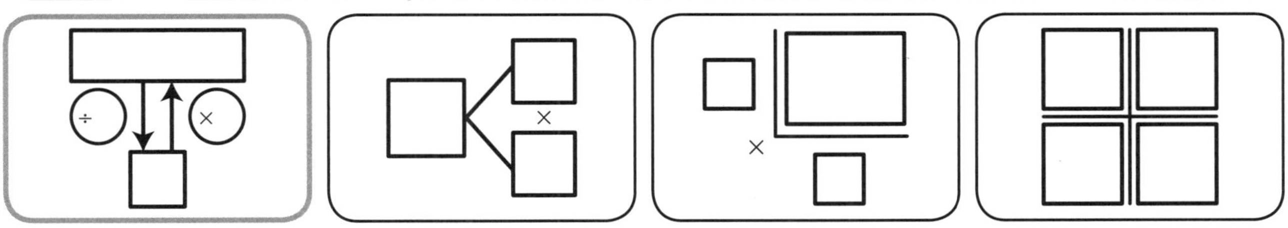

Phrase réponse :

III

Pour rénover sa cuisine, Louise achète un nouveau réfrigérateur au prix de 1 191 €. Elle choisit de payer en 6 fois, de manière égale, cette somme.

Quel sera le montant de chaque paiement ?

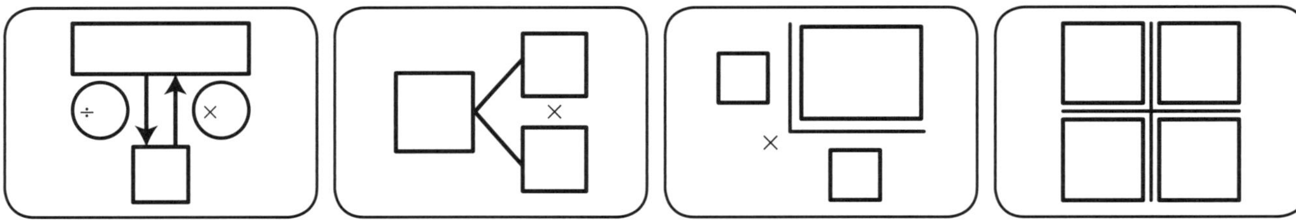

Phrase réponse :

IV

Marc achète de la moquette pour couvrir le sol d'une chambre de 4,5 m de large pour 5 m de longueur.
Le prix indiqué en magasin est « 14 € le m^2 ».

Quelle est la superficie de la chambre ? Quel sera le prix de la moquette ?

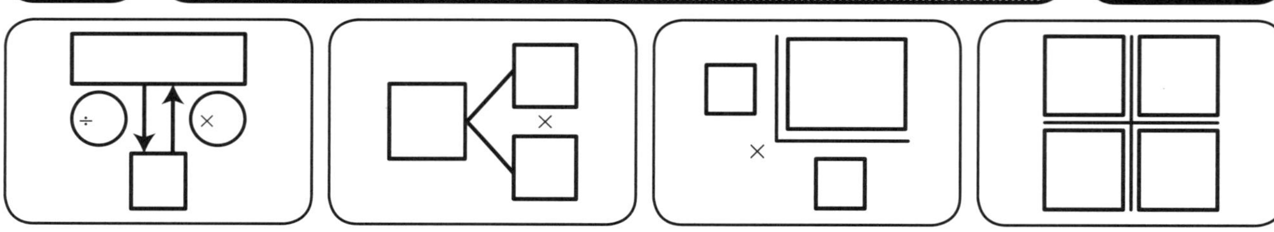

Phrase réponse :

V

La chambre de Jonathan a une superficie de 14,75 m². Celle de ses parents est 2 fois plus grande. La superficie de leur appartement est 3 fois plus grande que celle de la chambre des parents.

Quelle est la superficie de la chambre des parents ? De l'appartement ?

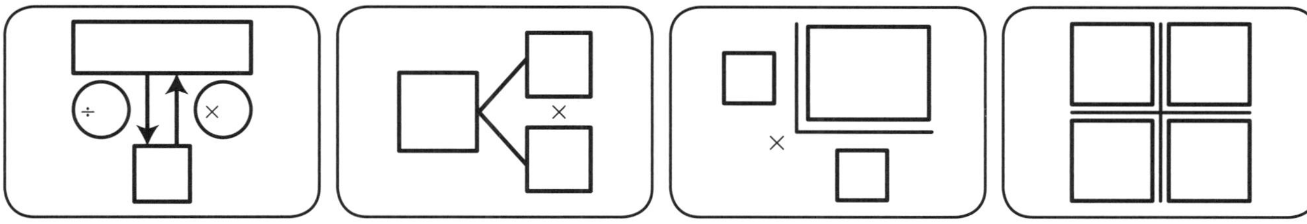

Phrase réponse :

VI

Il a fallu 3 heures de travail aux saisonniers pour ramasser 246 kilogrammes de pommes dans le verger.

Combien de temps sera nécessaire pour ramasser 2 214 kilogrammes de pommes en gardant ce rythme ?

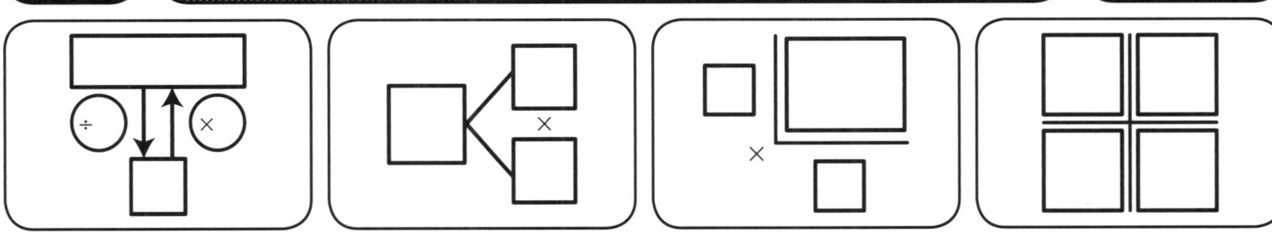

Phrase réponse :

VII

Le parking de la place de la mairie peut accueillir 114 véhicules alors que celui du supermarché peut en accueillir 741.

Le parking de la mairie peut accueillir combien de fois moins de véhicules ?

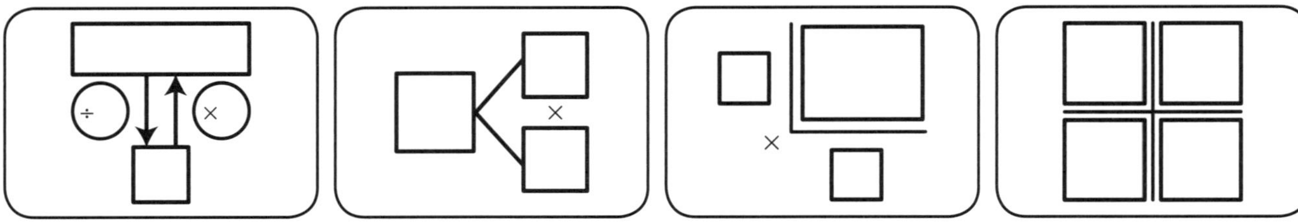

Phrase réponse :

VIII

Une boite contient 165 crayons bleus et des crayons verts. Il y a 990 crayons en tout.

Les crayons verts sont combien de fois plus nombreux que les bleus ?

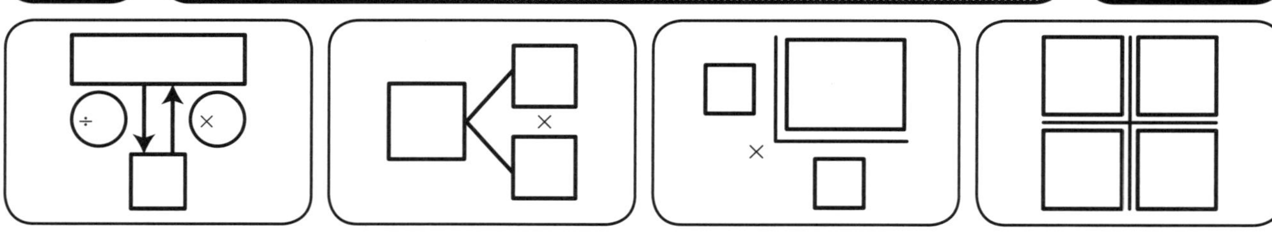

Phrase réponse :

CHAPITRE 8

Résolution de problèmes

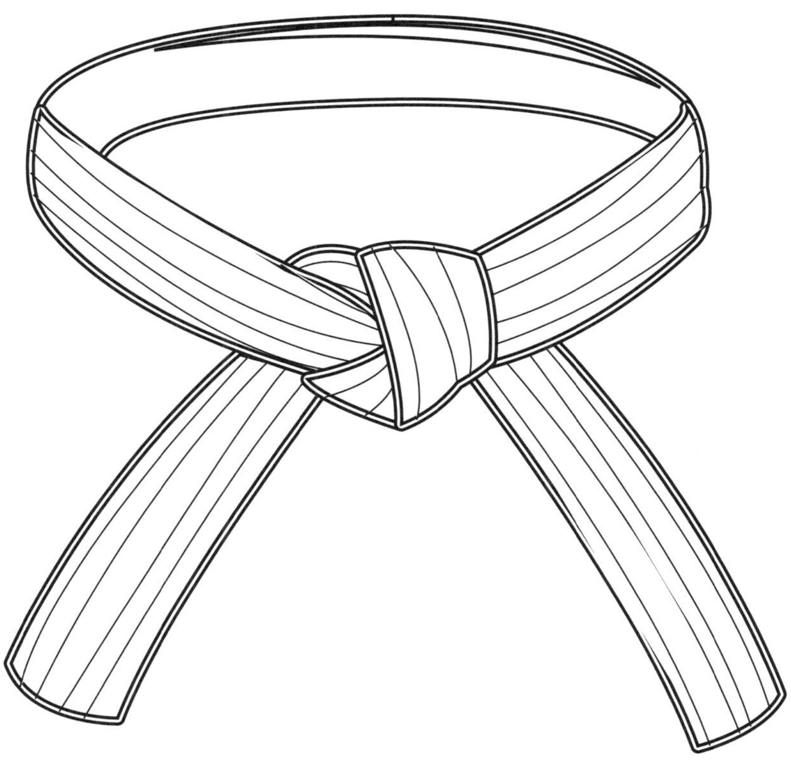

Dans ma trousse, il y a 8 feutres rouges et des feutres bleus.
J'ai 12 feutres en tout. **Combien y a-t-il de feutres bleus ?**

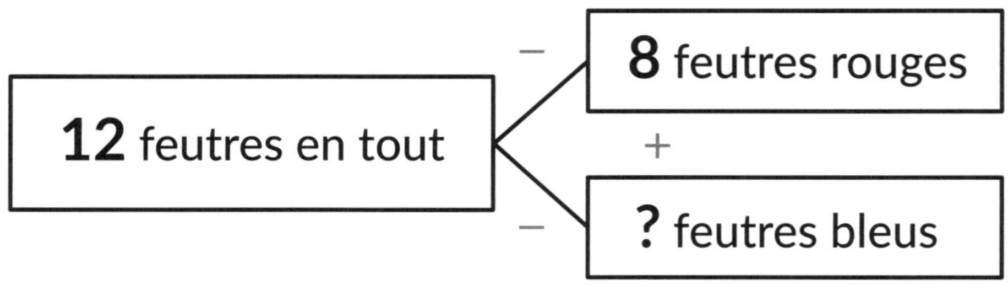

Dans ma trousse, il y a 8 feutres rouges.
Mon copain en a 4 de plus. **Combien a-t-il de feutres ?**

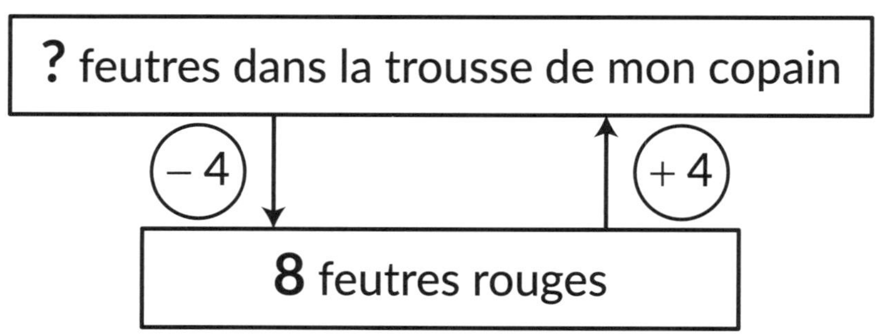

Dans ma trousse, j'ai ajouté 8 feutres rouges et
j'ai 12 feutres maintenant. **Combien de feutres avais-je avant ?**

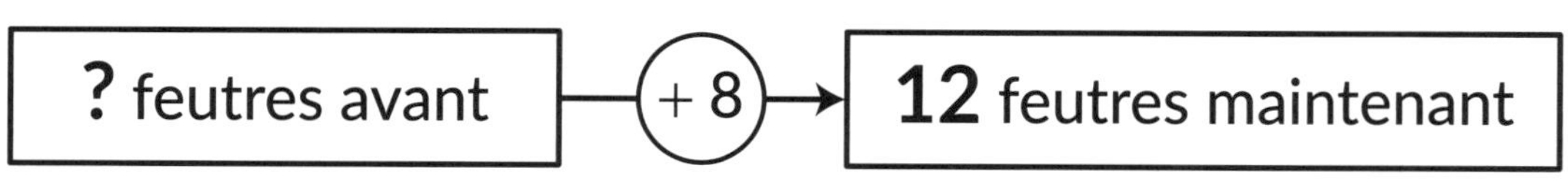

Dans ma trousse, j'ajoute 8 feutres rouges puis
j'ajoute 4 feutres bleus. **Combien ai-je ajouté de feutres ?**

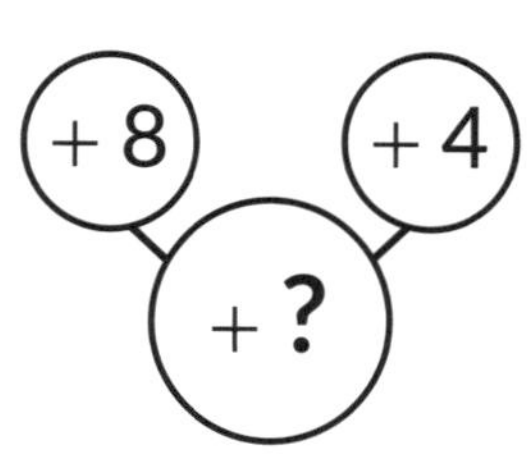

1

Mathias et Lola comptent leurs mangas. Ils en ont 65 à eux deux.
Mathias en a 13 de moins que Lola.

Combien possèdent-ils de mangas chacun ?

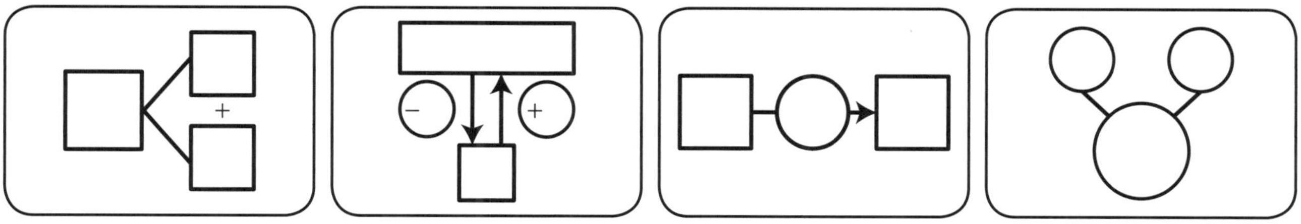

Phrase réponse :

2

Yuri, après avoir touché son salaire de 1 742,20 €,
voit que son compte bancaire indique un solde de 2 345,60 €.

Quel était le solde de son compte avant le versement du salaire ?

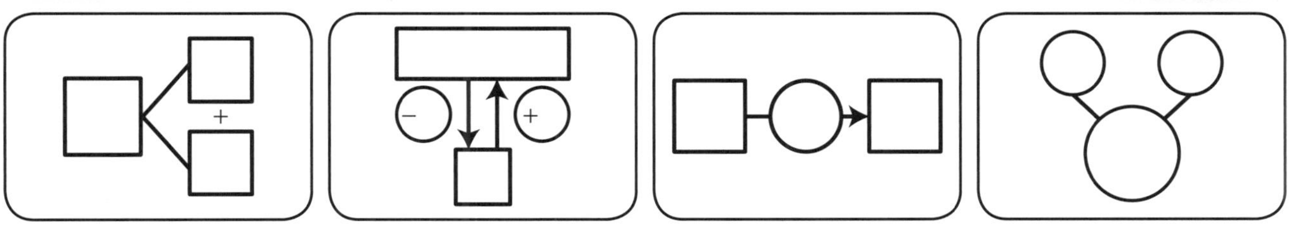

Phrase réponse :

3

Mme Huron coud des rubans ensemble. Le ruban bleu mesure 1,64 m et le ruban rouge mesure 1,3 m de plus que le bleu.

Quelle est la mesure des 2 rubans cousus ensemble ?

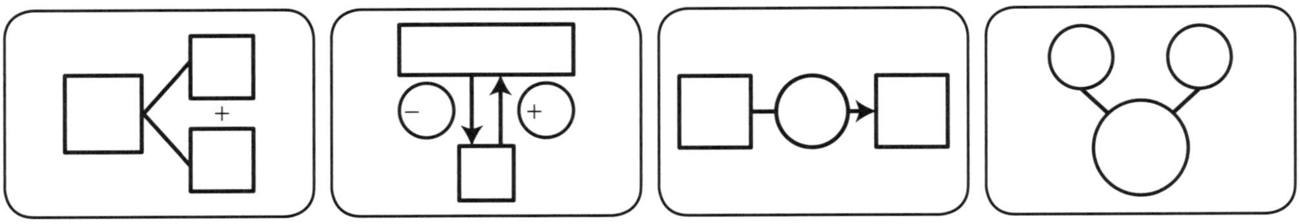

Phrase réponse :

4

Mme Curie avait acheté 4 fioles en verre et 3 boites de pinces en bois pour une expérience de chimie. La fiole coutait 1,15 € l'unité et la boite de pinces 4,35 €.

Quel est le montant total de ses achats ?

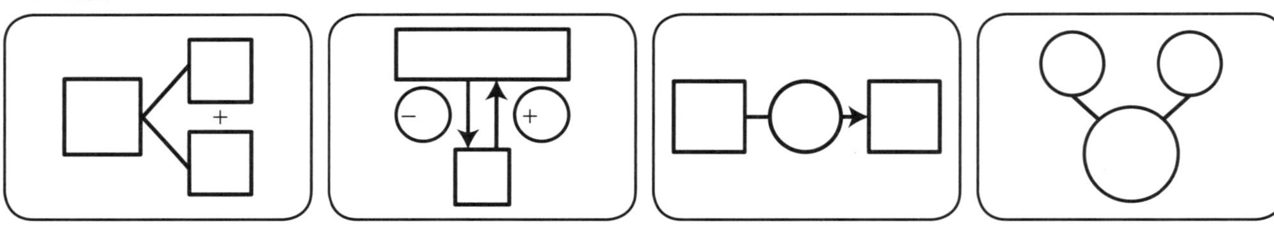

Phrase réponse :

5

M. Schmitt a acheté 4 litres de lait pour ses petits enfants.
Ils boivent 1,25 litre de lait le lundi, 1,35 litre le mardi et 0,85 litre le mercredi.

Quel volume de lait a été bu ? Quel est le volume restant ?

+ –

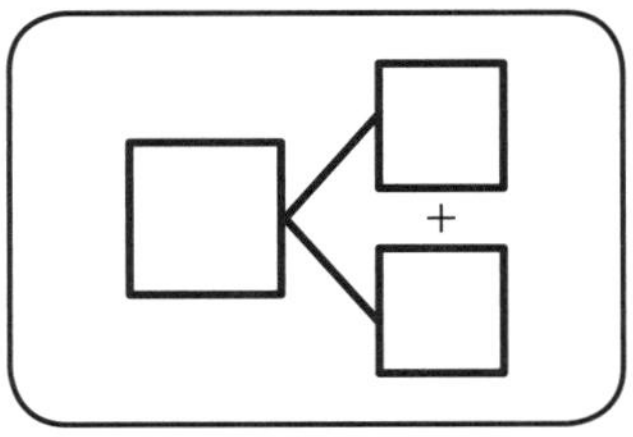

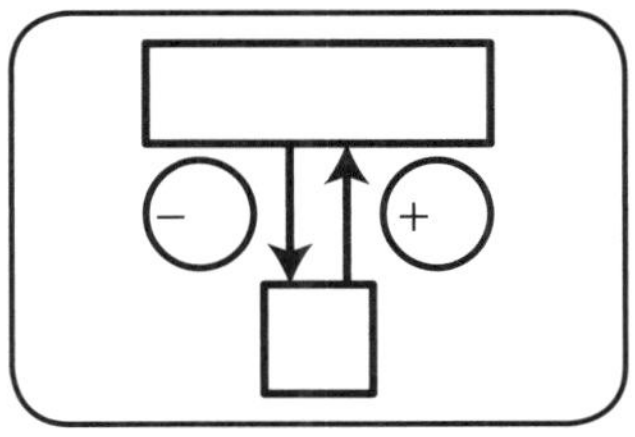

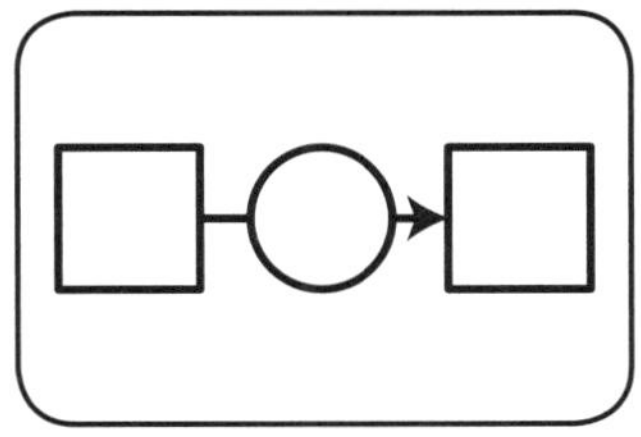

Phrase réponse :

6

Alice a utilisé son argent de poche pour des achats.
$\frac{1}{8}$ de l'argent pour un livre et $\frac{1}{4}$ pour un jouet.

Quelle est la portion d'argent dépensée ?
Quelle est la portion d'argent qui n'est pas dépensée ?

+ –

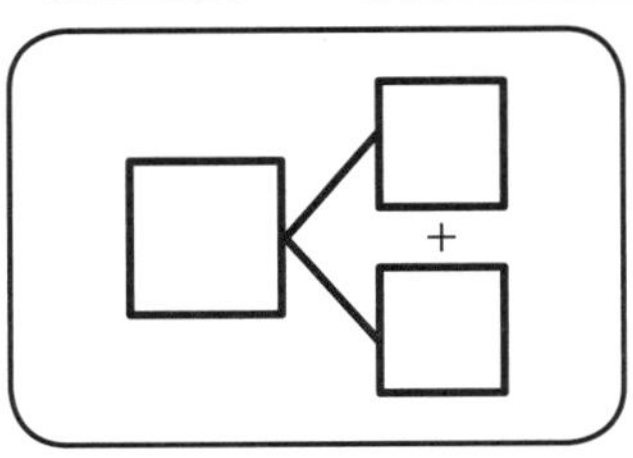

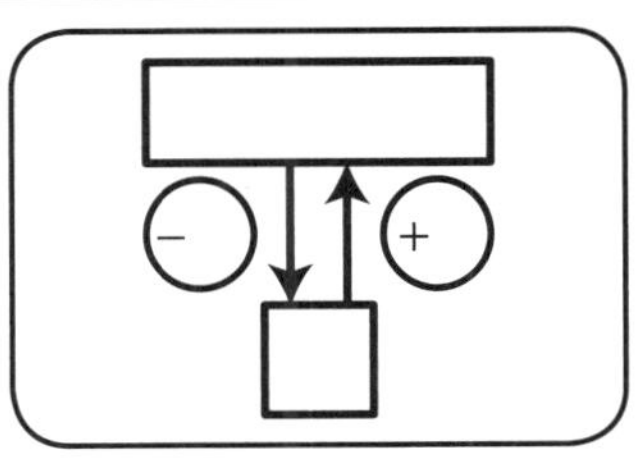

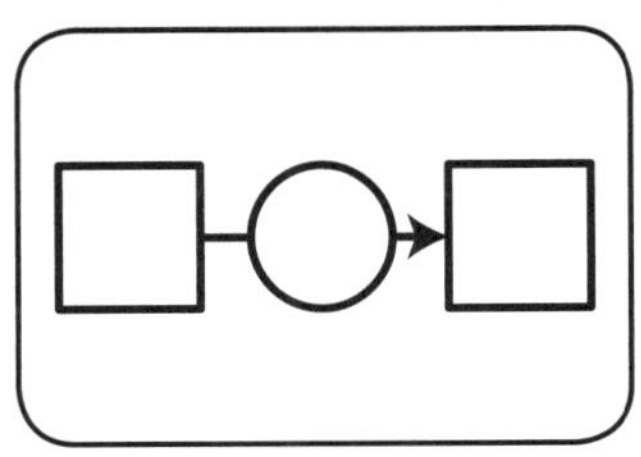

Phrase réponse :

7

$\frac{1}{2}$ des billes d'Enzo sont rouges, $\frac{1}{4}$ sont jaunes, $\frac{1}{8}$ sont vertes et les autres billes sont bleues.

Quelle est la portion de billes bleues ?

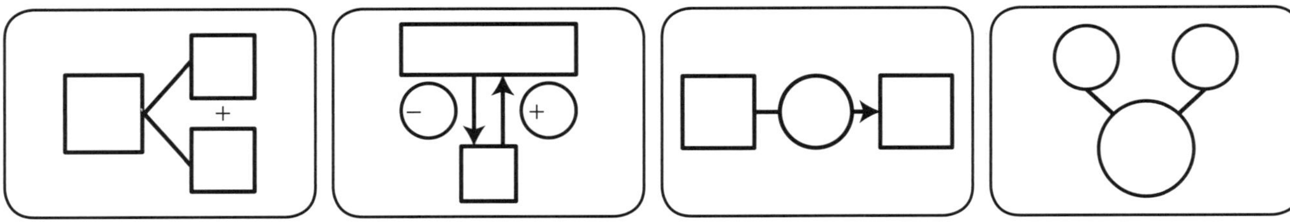

Phrase réponse :

8

Madame Martin a acheté $\frac{3}{5}$ de kg de viande et $\frac{7}{10}$ de kg de poisson.

A-t-elle acheté plus de viande ou de poissons ?
Quelle quantité de plus ?

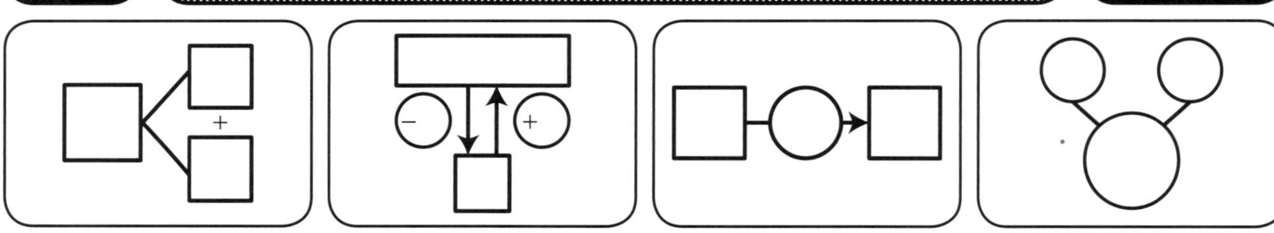

Phrase réponse :

I

Maximilien range 1 584 élastiques dans 8 boites.

Combien y a-t-il d'élastiques dans chaque boite ?
En utilisant 132 boites, combien d'élastiques y rangera-t-on ?

× ÷

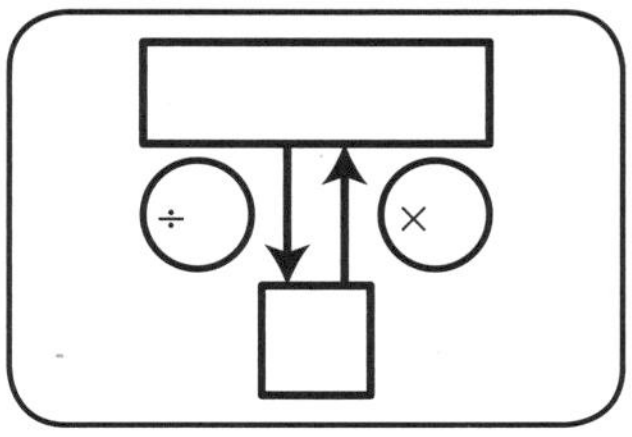
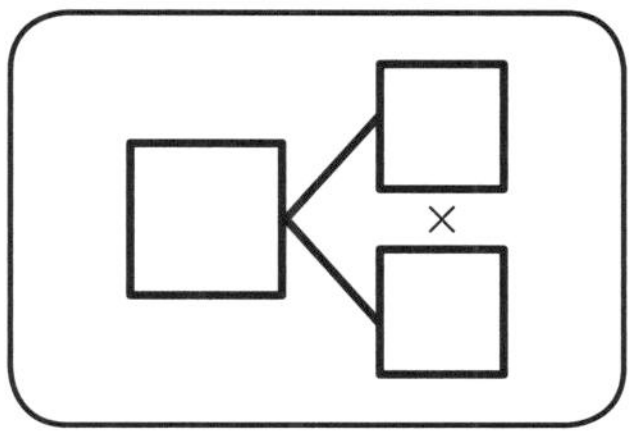
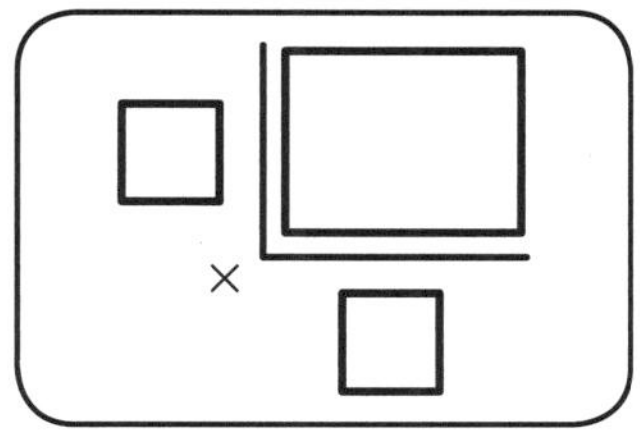
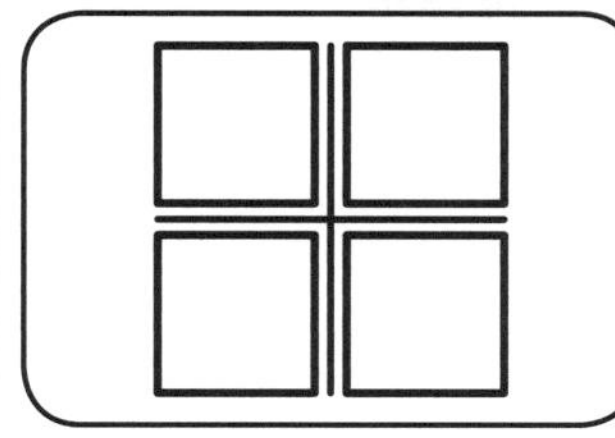

Phrase réponse :

II

Masha met 4,5 fois plus de temps que Mishka pour rentrer chez elle après l'école. Mishka met 17 minutes pour rentrer.

Quelle est la durée exacte du trajet de Masha ?

× ÷

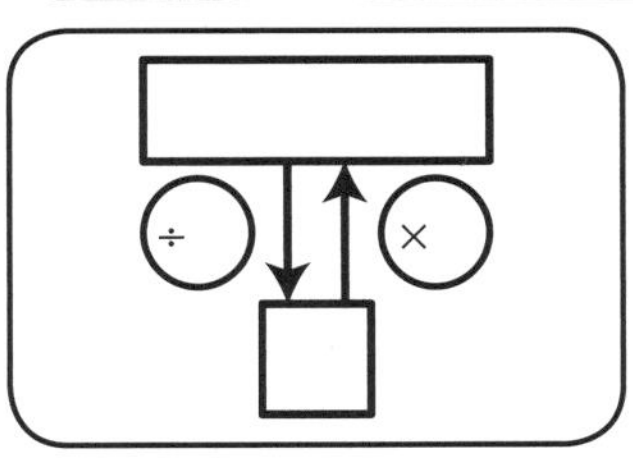
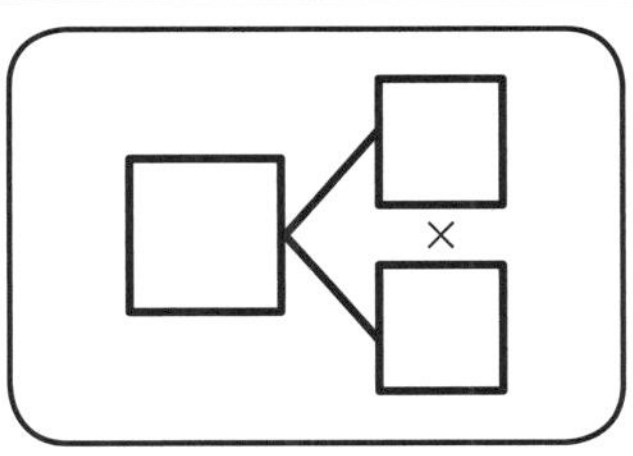
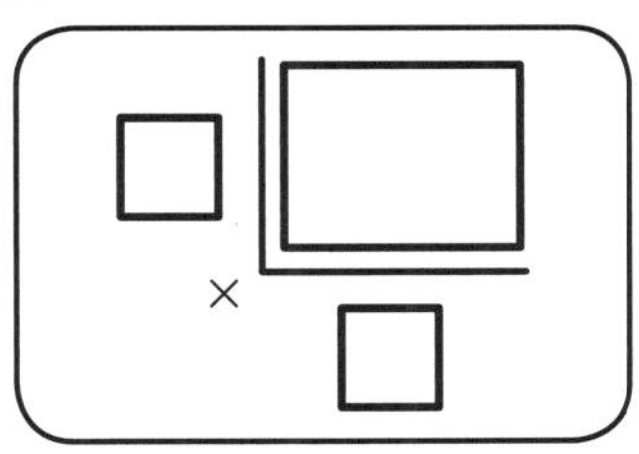
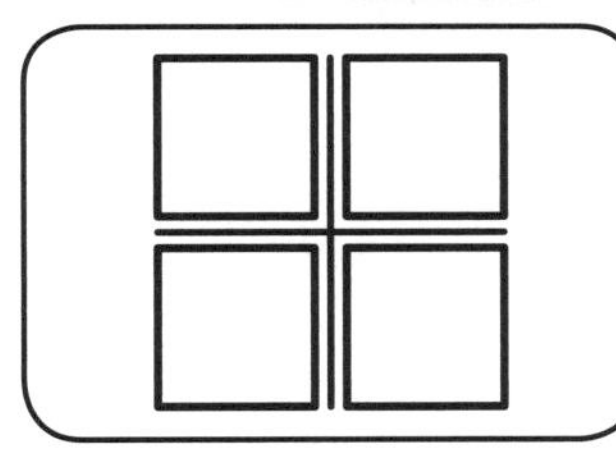

Phrase réponse :

III

Isaac hésite dans le choix de son smartphone sur mesure.
Il y a 5 coques, 7 tailles d'écran, 4 batteries
et 3 cartes mémoire différentes.

Combien de choix sont possibles ?

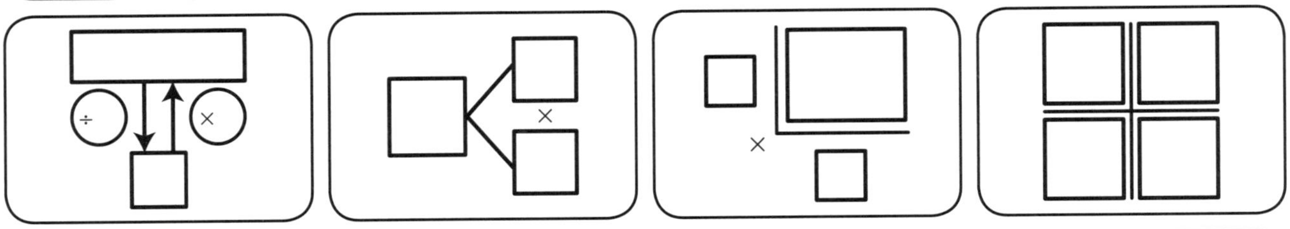

Phrase réponse :

IV

Le tableau « Guernica » de Pablo PICASSO à une hauteur de 3,49 m
et une longueur de 7,77 m.

Quelle est son aire, arrondie au centième, en m² ?

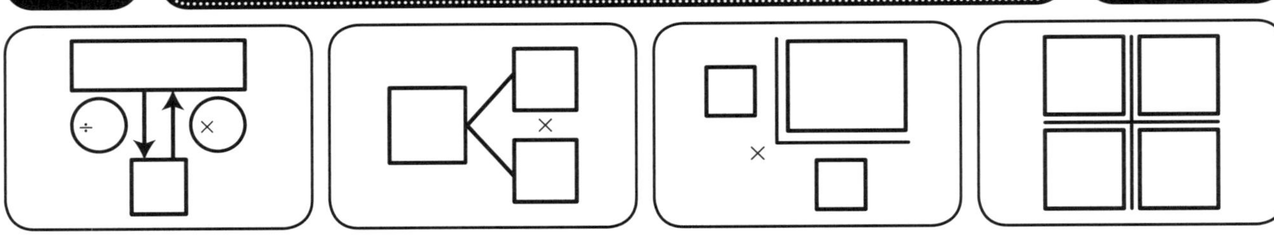

Phrase réponse :

V

Un entrepôt de stockage contient plusieurs cartons contenant des livres. Il y a au total 3 216 livres. Un carton en contient 24.

Un carton contient combien de fois moins de livres que l'entrepôt ?

× ÷

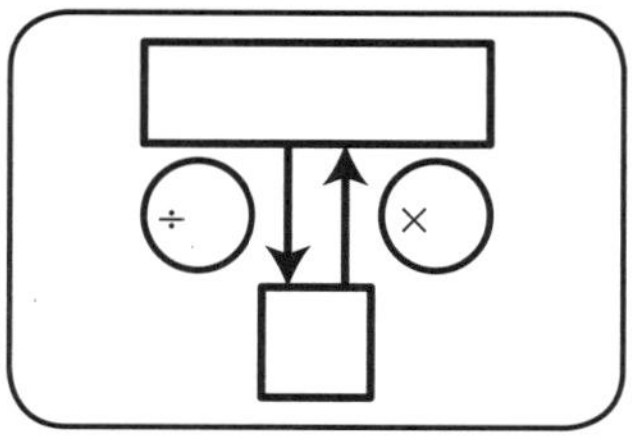
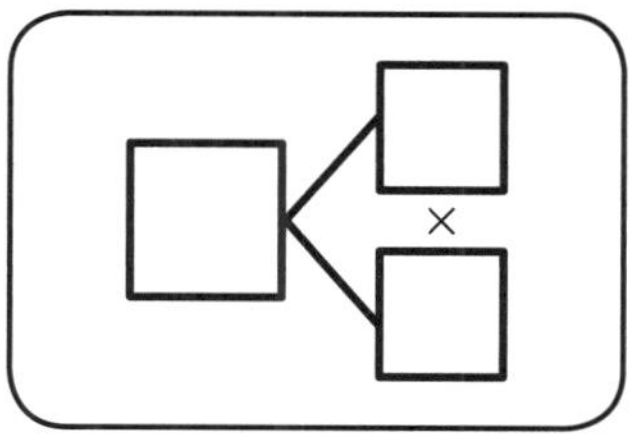
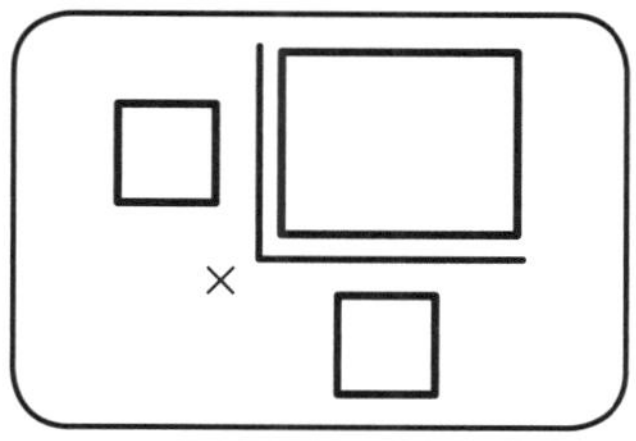
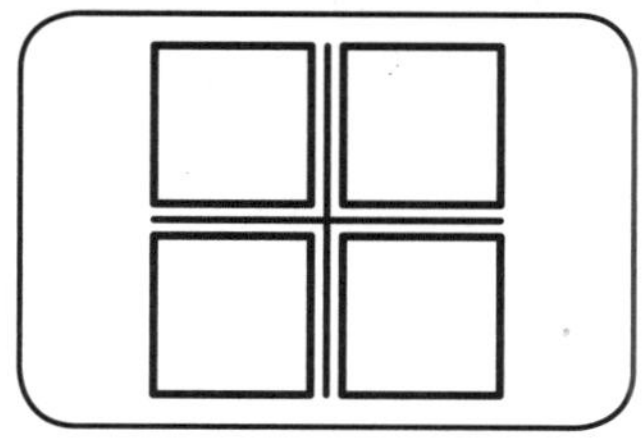

Phrase réponse :

VI

Conrad vend des tickets de tombola pour son club de judo.
Il a vendu 34 carnets, qui contiennent chacun 6 tickets.
Le ticket est vendu au prix de 3 €.

Quelle somme totale a-t-il gagnée ?

× ÷

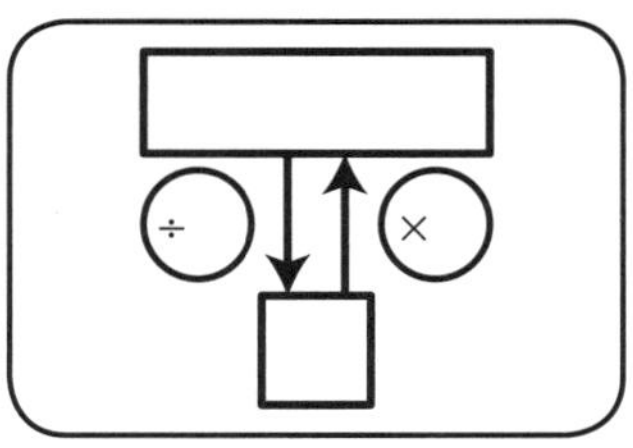
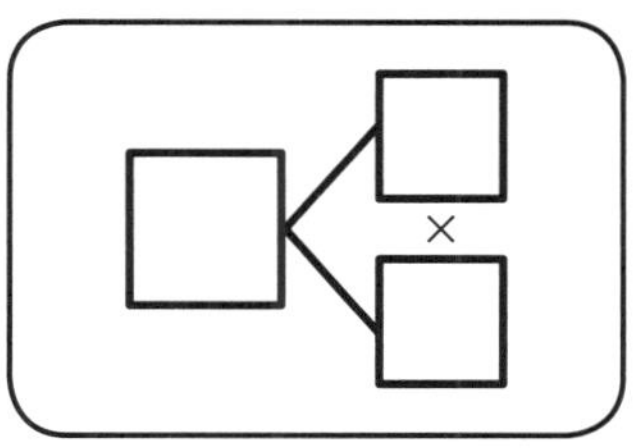
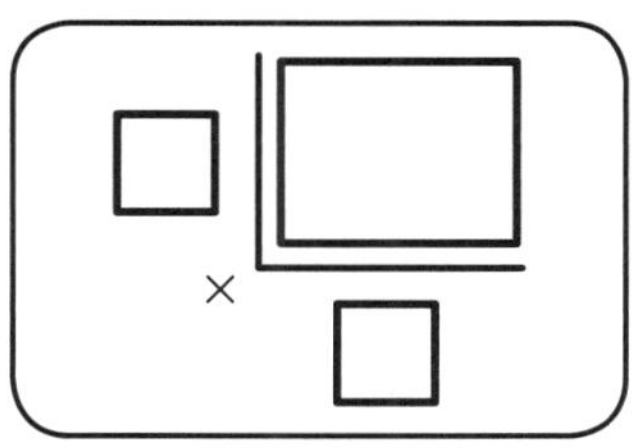
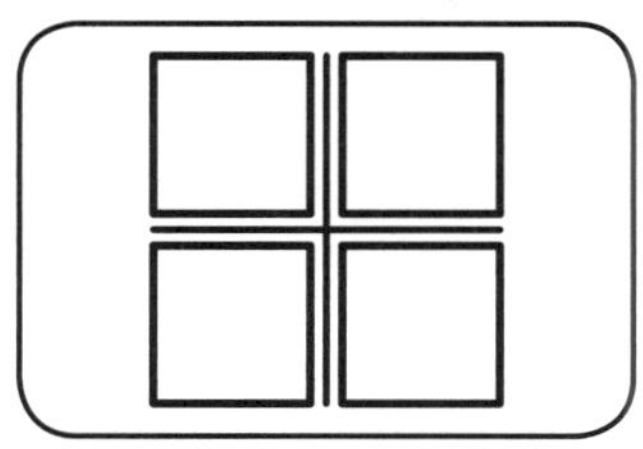

Phrase réponse :

VII

Quelle est la longueur d'un terrain rectangulaire de tennis dont la surface est de 260,70 m² et la largeur 11 m ?

× ÷

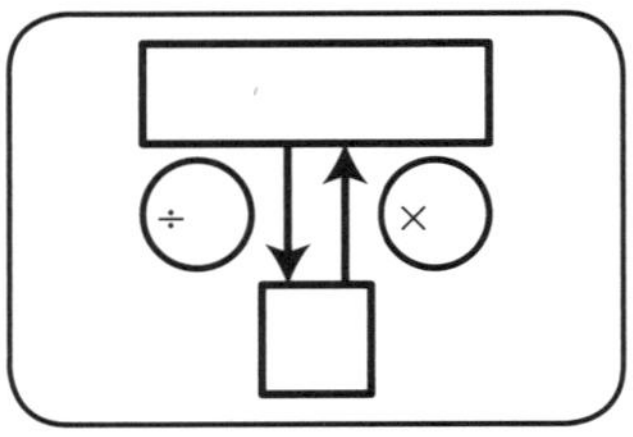
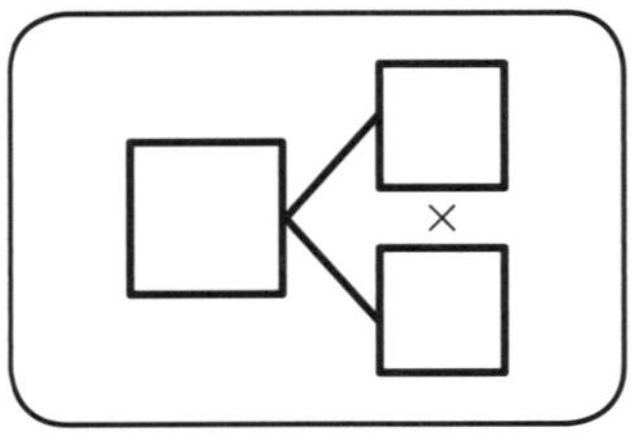
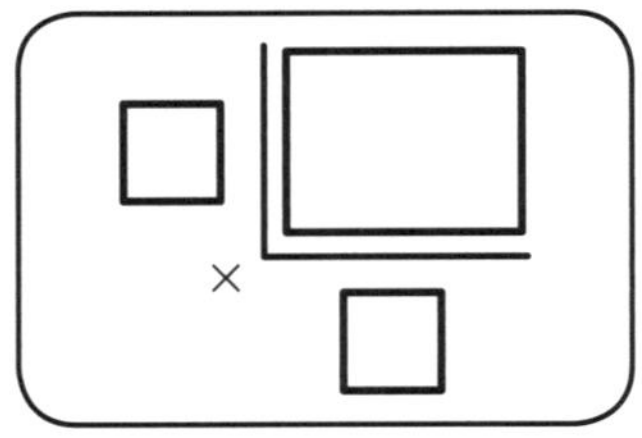
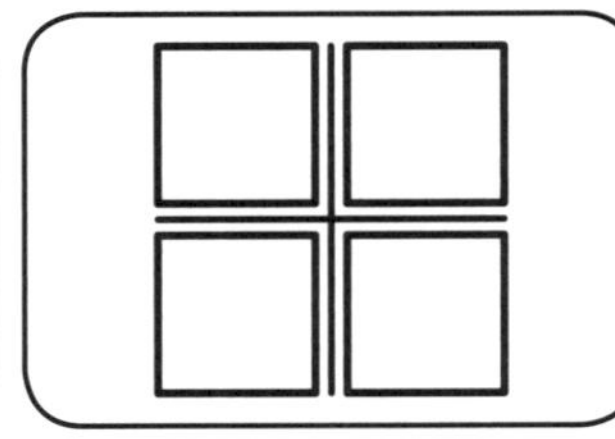

Phrase réponse :

VIII

À une fête d'école, Madame Polka verse du sirop dans des verres.
Elle verse 8 cl de sirop dans chaque verre.
Elle dispose de 24 bouteilles de 75 cl de sirop.

Combien de verres va-t-elle remplir ?

× ÷

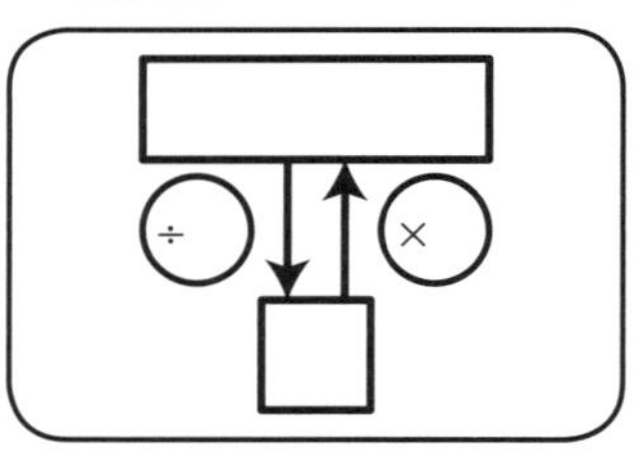
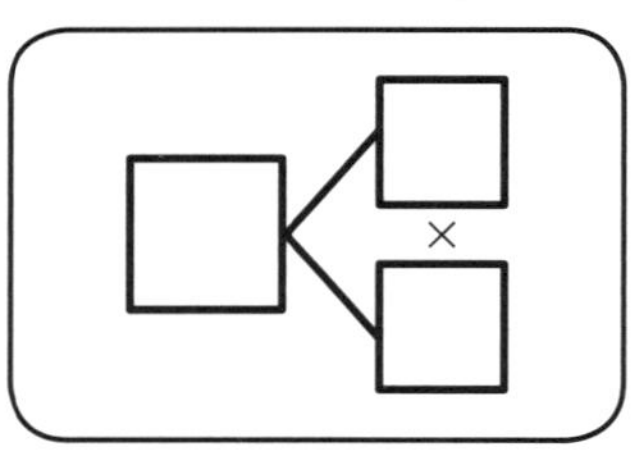
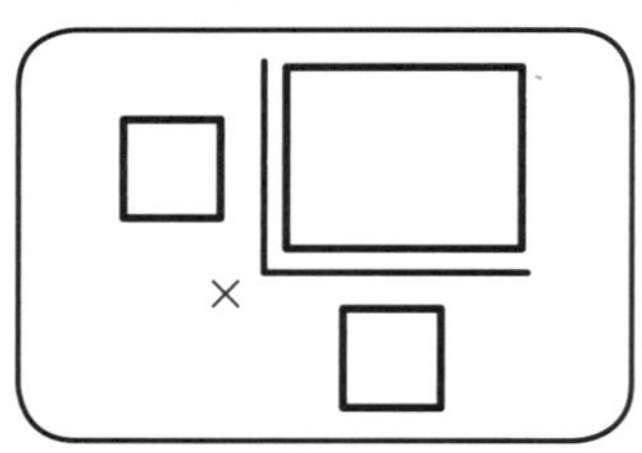
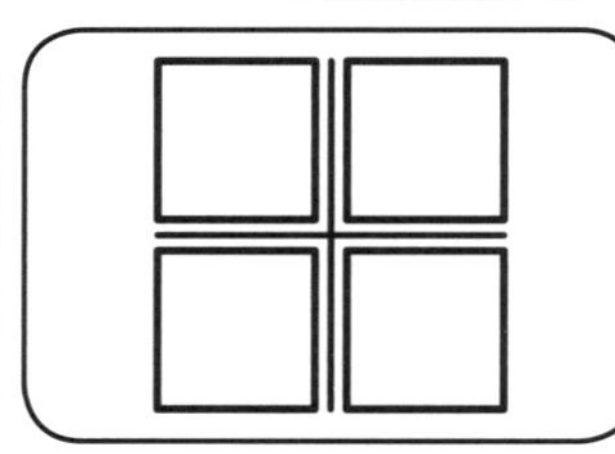

Phrase réponse :

CHAPITRE 9

Résolution de problèmes

Dans ma trousse, il y a 8 feutres rouges et des feutres bleus.
J'ai 12 feutres en tout. **Combien y a-t-il de feutres bleus ?**

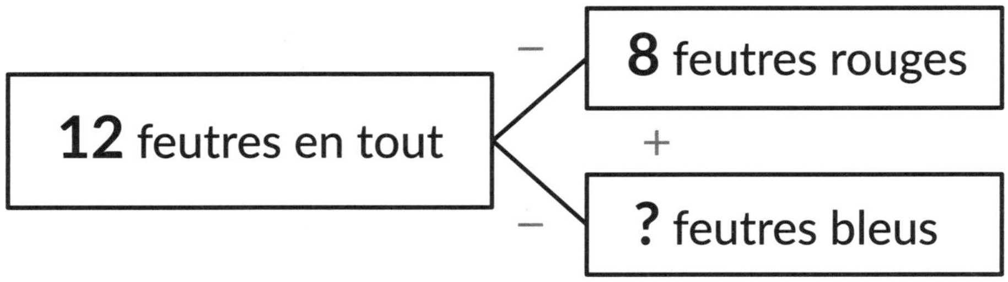

Dans ma trousse, il y a 8 feutres rouges.
Mon copain en a 4 de plus. **Combien a-t-il de feutres ?**

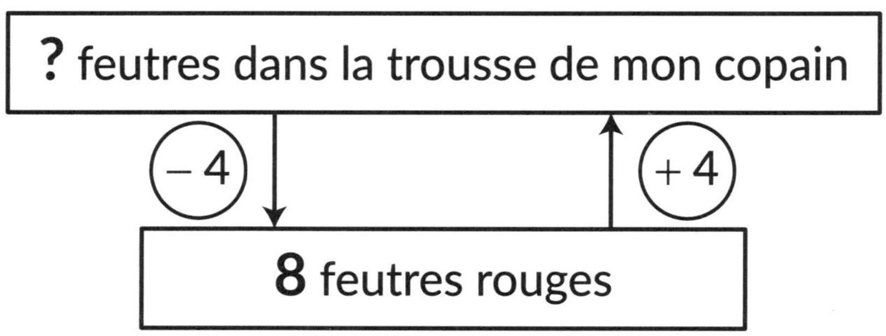

Dans ma trousse, j'ai ajouté 8 feutres rouges et
j'ai 12 feutres maintenant. **Combien de feutres avais-je avant ?**

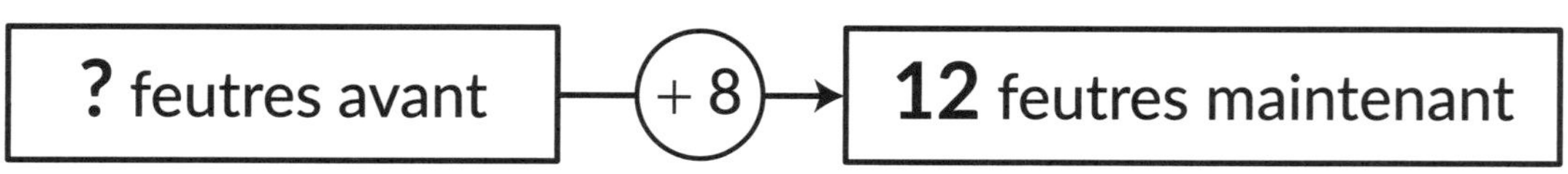

Dans ma trousse, j'ajoute 8 feutres rouges puis
j'ajoute 4 feutres bleus. **Combien ai-je ajouté de feutres ?**

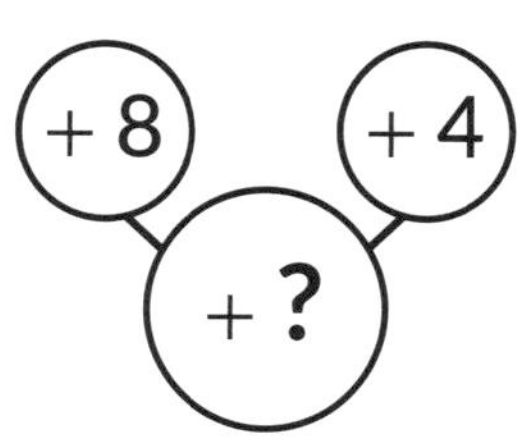

1

Tom a 4 comptes à la banque.
Il a 1 432,75 €, 4 569,83 €, 687,24 € et 6 907,35 €. Julia a 1 953,25 € de plus que Tom sur son compte.

Combien d'argent à Tom ? Combien d'argent à Julia ?

+ − × ÷

Calcul et/ou schéma :

Phrase réponse :

2

J'ai 16 750 amis sur Facebook soit 7 459 de plus que mon frère aujourd'hui.
Pour savoir combien il en avait il y a 5 ans je dois enlever 1 456 à ceux qu'il a maintenant.

Combien d'amis avait mon frère il y a 5 ans ?

+ − × ÷

Calcul et/ou schéma :

Phrase réponse :

3

Un restaurateur refait sa carte et crée des menus. Il y a 12 entrées, 4 viandes, 3 poissons, 7 accompagnements et 6 desserts. Il liste tous ces menus possibles sur son ordinateur puis en retire ensuite 4 814.

Combien de menus le restaurateur a-t-il créés ?
Combien en a-t-il réellement ajoutés sur la carte finale ?

+ − × ÷

Calcul et/ou schéma :

Phrase réponse :

4

J'ai joué au poker avec des amis. J'ai perdu 457 € durant la première partie puis gagné 1 278 € durant la seconde. Avant de commencer la partie j'avais 687 €.

Combien ai-je gagné ou perdu durant cette partie ?
Combien d'argent ai-je à la fin de la partie ?

+ − × ÷

Calcul et/ou schéma :

Phrase réponse :

5

Pour s'habiller, Nora a 4 robes, 5 chemises, 3 pulls et 6 écharpes.
Son copain Lucas peut s'habiller de 124 façons de plus.

De combien de façons peut s'habiller Nora ? Et Lucas ?

Calcul et/ou schéma :

Phrase réponse :

6

Mon jardin a une longueur de 57,50 m et une largeur de 4 320 cm.
Mon jardin est 3,5 fois plus petit que celui de mon voisin.

Quelle est l'aire de mon jardin en m^2 ?
Quelle est l'aire de celui de mon voisin en m^2 ?

Calcul et/ou schéma :

Phrase réponse :

7

Je sais qu'avec 35 € je peux acheter 875 morceaux de carrelage. J'utilise 45 € pour en acheter. Ces morceaux servent à refaire ma salle de bains et j'en dispose 45 sur la longueur.

Combien de morceaux vais-je pouvoir acheter ?
Combien de morceaux vais-je mettre sur la largeur ?

+ − × ÷

Calcul et/ou schéma :

Phrase réponse :

8

J'ai 3 824 € en tout à la banque dont 2 150 € sur mon compte chèque, le reste est sur mon compte épargne. Avec mon épargne je peux acheter 62 bouteilles de champagne pour une grosse fête.

Combien d'euros ai-je sur mon compte épargne ?
Combien aurais-je besoin d'euros pour acheter 98 bouteilles ?

+ − × ÷

Calcul et/ou schéma :

Phrase réponse :

9

Ce récipient à base rectangulaire est long de 25 cm, large de 18 cm et la hauteur de l'eau est de 9 cm. La hauteur maximale est de 20 cm.

Quel est le volume d'eau en cm³ ? En litres ?
Quel est le volume maximum en cm³ ? En litres ?

+ − × ÷

Calcul et/ou schéma :

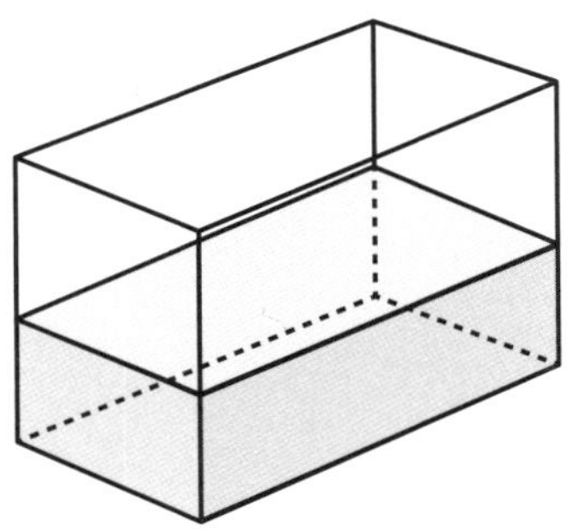

Phrase réponse :

10

Il y a 1 an, le compteur de ma voiture indiquait 145 789 km. Aujourd'hui il indique 173 683 km. De janvier à avril j'ai roulé 8 476 km et de mai à août j'ai roulé 7 841 km.

Combien de km ai-je roulés cette année ? Combien de km ai-je roulés entre les mois de septembre et décembre ?

+ − × ÷

Calcul et/ou schéma :

Phrase réponse :

11

Mathilde a 8 colliers, 5 bracelets, 7 paires de boucles d'oreilles et 4 bagues pour composer des parures de bijoux.
Son amie Jessica peut en composer 13 fois plus.

Combien de parures peuvent composer Mathilde et Jessica ensemble ?

+ − × ÷

Calcul et/ou schéma :

Phrase réponse :

12

Durant un jeu j'ai gagné globalement 450 points à la fin des 2 parties.
J'ai perdu 540 points durant la deuxième. Tom a gagné 2,5 fois le nombre de points de ma première partie lors de son premier essai.

Combien ai-je gagné ou perdu durant la première partie ?
Combien de points Tom a-t-il gagnés lors de son premier essai ?

+ − × ÷

Calcul et/ou schéma :

Phrase réponse :

13

Mon voisin va créer des parterres de fleurs et il utilise des roses, des tulipes, des iris, des capucines et des pivoines. Chaque fleur existe en 4 couleurs et il utilise une fleur de chaque sorte par parterre.

Combien de parterres différents va-t-il créer ? Il en dispose 16 sur la largeur du jardin, combien y en aura-t-il sur la longueur ?

+ − × ÷

Calcul et/ou schéma :

Phrase réponse :

14

Pour peindre 3 armoires j'ai utilisé 22,5 litres de peinture et j'ai encore 17 armoires à peindre.
Mon voisin n'a utilisé que 15 litres quand il a peint les siennes.

Combien de litres de peinture vais-je utiliser ? Combien de fois moins de peinture que moi mon voisin a-t-il utilisé ?

+ − × ÷

Calcul et/ou schéma :

Phrase réponse :

15

Mon jardin a une longueur de 2 550 cm et une largeur de 940 cm.
Il est composé d'un potager dont l'aire est 13,40 m² et d'une pelouse.

Quelle est l'aire de la pelouse en m² ?

+ − × ÷

Calcul et/ou schéma :

Phrase réponse :

16

Un album de littérature pour la classe coute 9 €.
L'école avait en réserve 854,50 € et la mairie promet d'offrir 1 278,50 € de subvention.

Combien d'albums pourrons-nous acheter avec la totalité de cet argent ?

+ − × ÷

Calcul et/ou schéma :

Phrase réponse :

CHAPITRE 10

Résolution de problèmes

Dans ma trousse, il y a 8 feutres rouges et des feutres bleus.
J'ai 12 feutres en tout. **Combien y a-t-il de feutres bleus ?**

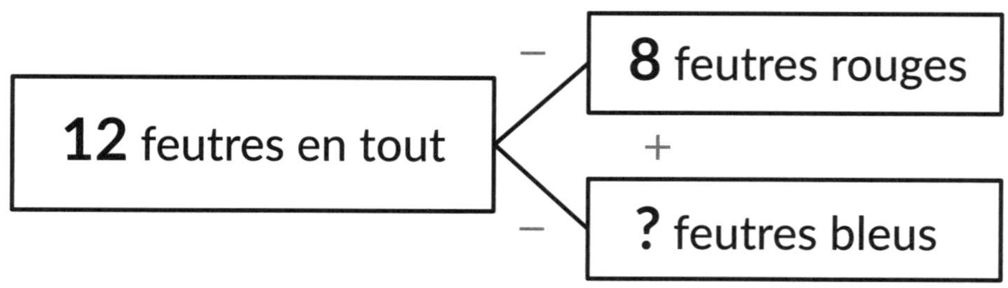

Dans ma trousse, il y a 8 feutres rouges.
Mon copain en a 4 de plus. **Combien a-t-il de feutres ?**

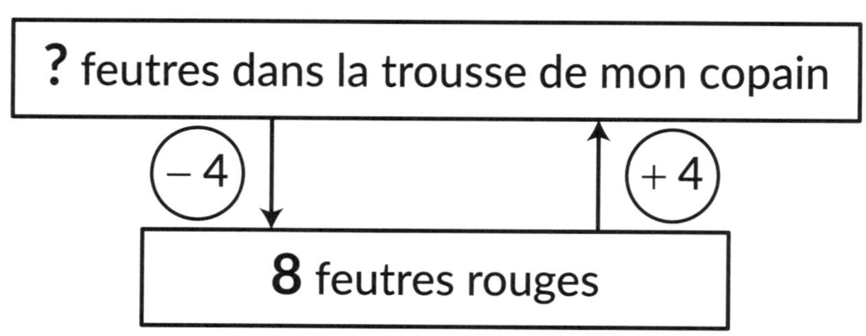

Dans ma trousse, j'ai ajouté 8 feutres rouges et
j'ai 12 feutres maintenant. **Combien de feutres avais-je avant ?**

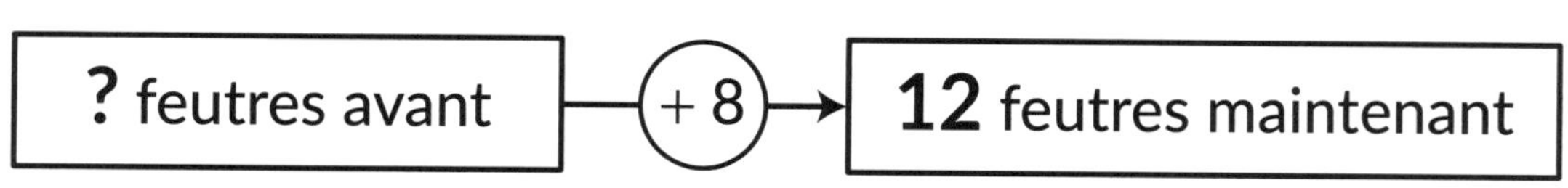

Dans ma trousse, j'ajoute 8 feutres rouges puis
j'ajoute 4 feutres bleus. **Combien ai-je ajouté de feutres ?**

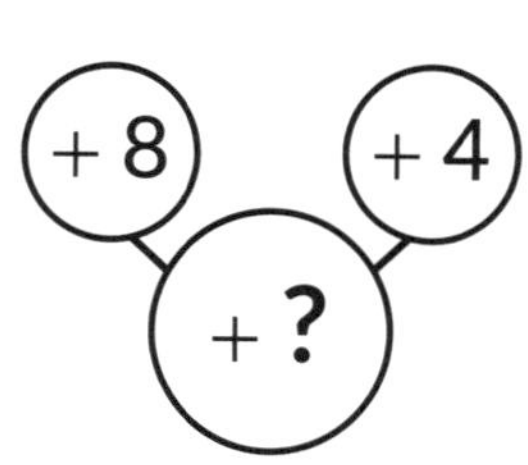

1

Grâce à l'héritage de 487 000 € que Max vient de toucher, il a acheté une voiture à 24 780 €. Avec le reste, il achète une maison et fait des travaux qui lui coutent 34 500 €, dont 8 430 € pour la cuisine et le reste pour les chambres.

Quel est le prix de la maison et de la rénovation des chambres ?

Calcul et/ou schéma :

Phrase réponse :

2

Les élèves de l'école J.-J. Rousseau font un spectacle pour financer une sortie. Le prix de la place est de 8,5 € pour un adulte et de 4,5 € pour un enfant. 83 adultes sont venus avec leurs enfants. La recette a été de 917 €.

Combien d'enfants étaient présents ?

Calcul et/ou schéma :

Phrase réponse :

3

Dans la ville « A » il y a 82 540 habitants
et dans la ville « B » il y a 2 311 120 habitants.

Combien la ville A a-t-elle d'habitants en moins ?
Combien la ville B a-t-elle de fois plus d'habitants ?

+ – × ÷

Calcul et/ou schéma :

Phrase réponse :

4

Pour un repas de fin d'année, un groupe de 25 amis commande chez un traiteur 25 portions de Bœuf Bourguignon à 8,25 € la part, un gâteau à 62 € et 16 bouteilles de vin à 9,50 € pièce.

Quelle est la somme totale versée par les 25 amis ?
Combien versera chaque invité s'ils partagent équitablement ?

+ – × ÷

Calcul et/ou schéma :

Phrase réponse :

5

Dans un zoo, un éléphant mange chaque jour :
93,25 kg d'herbe, 34,58 kg de carottes et 23,57 kg de fruits.

Quelle masse de nourriture consomment 3 éléphants en 14 jours ?

+ − × ÷

Calcul et/ou schéma :

Phrase réponse :

6

Un camion-citerne contient 43 660 litres de lait
et peut remplir 185 barils.
Les barils serviront à remplir des bouteilles.

Combien y a-t-il de litres de lait dans un baril ?
Combien de bouteilles de 25 cl seront remplies avec un baril ?

+ − × ÷

Calcul et/ou schéma :

Phrase réponse :

7

La table de travail d'Elodie mesure 140 cm de long
et 6 décimètres de large.
Son aire est 14,5 fois plus petite que l'aire de son bureau.

Quelle est l'aire de son bureau en m² ?

+ − × ÷

Calcul et/ou schéma :

Phrase réponse :

8

La voiture de Jules a 4 578 km de plus au compteur
que celle de Marie qui affiche 23 744 km.
La voiture de Jules consomme 1 litre de carburant pour rouler 98 km.

Combien de litres de carburant la voiture de Jules a-t-elle consommés en tout ?

+ − × ÷

Calcul et/ou schéma :

Phrase réponse :

9

Le marchand de fruits a une réserve de 90 kg de bananes.
Il en vend 50 kg à 12 € le kg.
Il fait un rabais pour vendre les kg restant à 8 € le kg.

Combien d'argent a gagné le marchand ?

+ − × ÷

Calcul et/ou schéma :

Phrase réponse :

10

Mathilda a une collection de 473 timbres.
Tommy à 187 timbres de plus que Mathilda.
Julie et Tommy ont 987 timbres à eux deux.

Combien de timbres Julie a-t-elle ?

+ − × ÷

Calcul et/ou schéma :

Phrase réponse :

11

Un ancien tapis de Perse rectangulaire est situé au milieu d'une pièce qui mesure 17 m par 13 m.
Le tapis a une marge de 1,5 m autour de lui.
1 m^2 de tapis coute 85 €.

Quel est le cout du tapis ?

+ − × ÷

Calcul et/ou schéma :

Phrase réponse :

12

Dans un stade il y a 6 664 spectateurs.
$\frac{1}{4}$ de ces spectateurs portent des maillots rouges.
Les $\frac{3}{7}$ de ces spectateurs en maillot rouge portent des casquettes.

Combien y a-t-il de spectateurs avec casquettes et maillots rouges ?

+ − × ÷

Calcul et/ou schéma :

Phrase réponse :

13

Ulysse possède 18 000 €.

Il en dépense les $\frac{2}{5}$ pour s'acheter une nouvelle cuisine.

Il achète en plus de cela un four à 759 €.

Combien d'argent va-t-il rester à Ulysse ?

$+$ $-$ $\times$ $\div$

Calcul et/ou schéma :

Phrase réponse :

14

M. Marley a 1 140 litres de miel dans son magasin.

Il en vend les $\frac{3}{5}$ à ses clients. Il offre généreusement les $\frac{3}{8}$ de ce qui lui reste à une association.

Combien de litres de miel M. Marley a-t-il offert à l'association ?

$+$ $-$ $\times$ $\div$

Calcul et/ou schéma :

Phrase réponse :

15

Un maçon prépare 8 960 kg de béton pour un chantier.
Il en utilise $\frac{2}{7}$ pour le sol et $\frac{3}{8}$ de ce qu'il reste pour les murs.

Combien de kg de béton a-t-il utilisés pour les murs ?

+ − × ÷

Calcul et/ou schéma :

Phrase réponse :

16

La bibliothèque de l'école contient 8 442 livres. Ils sont rangés dans une grande armoire et dans 6 petites armoires identiques.
La grande armoire contient $\frac{3}{7}$ des livres.

Combien de livres contient chaque petite armoire ?

+ − × ÷

Calcul et/ou schéma :

Phrase réponse :

CHAPITRE 11

Résolution de problèmes

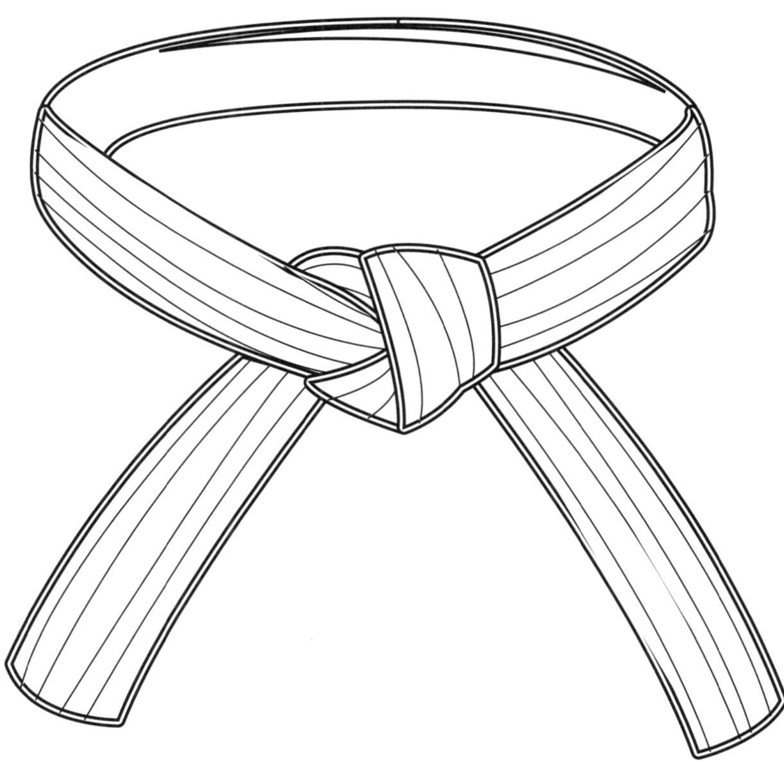

Dans ma trousse, il y a 8 feutres rouges et des feutres bleus.
J'ai 12 feutres en tout. **Combien y a-t-il de feutres bleus ?**

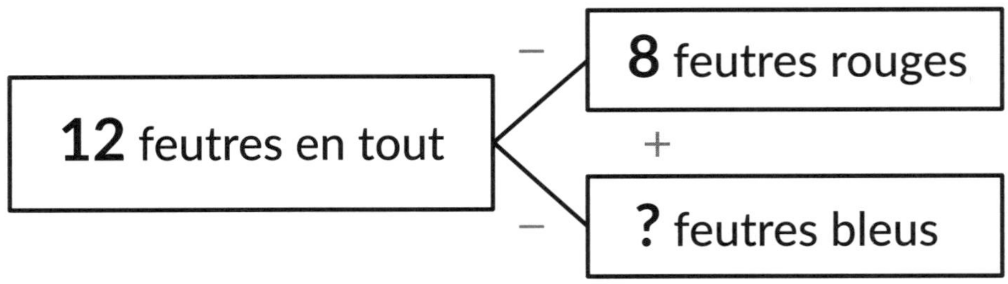

Dans ma trousse, il y a 8 feutres rouges.
Mon copain en a 4 de plus. **Combien a-t-il de feutres ?**

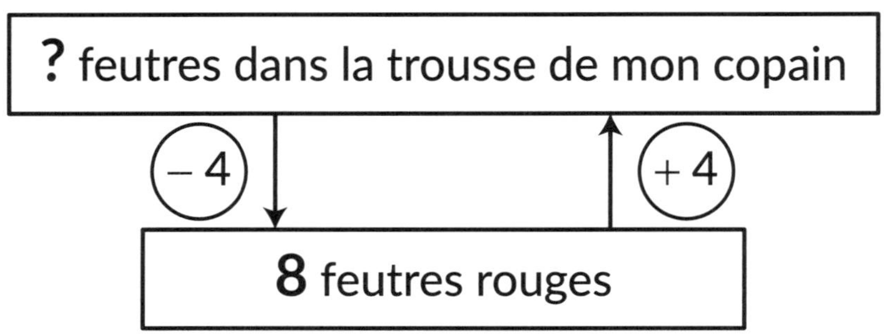

Dans ma trousse, j'ai ajouté 8 feutres rouges et
j'ai 12 feutres maintenant. **Combien de feutres avais-je avant ?**

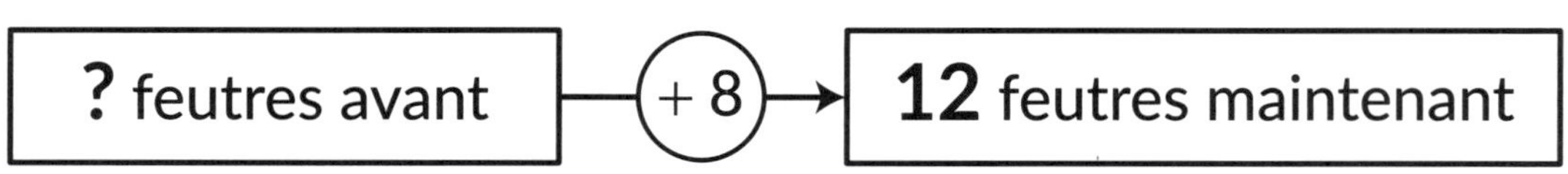

Dans ma trousse, j'ajoute 8 feutres rouges puis
j'ajoute 4 feutres bleus. **Combien ai-je ajouté de feutres ?**

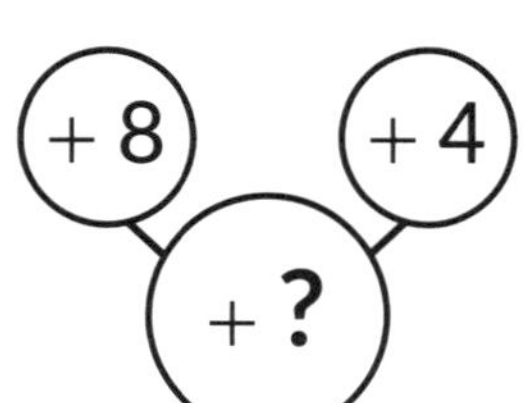

1

Un coffre au trésor contient des pierres précieuses : des rubis, des saphirs et des émeraudes. Le rapport entre le nombre de rubis, de saphirs et d'émeraudes est 7 : 3 : 4. Pour 7 rubis il y a 3 saphirs et 4 émeraudes. Il y a 896 rubis dans le coffre.

Combien y a-t-il de saphirs, d'émeraudes et de pierres précieuses en tout ?

\+ − × ÷

Calcul et/ou schéma :

Phrase réponse :

2

M. Tesla achète 19 piles à 1,85 € l'unité et 25 m de fil électrique. Il paye avec un billet de 100 € et reçoit 32,35 € de monnaie.

Combien dépense-t-il pour les piles et le fil électrique ?
Quel est le prix d'un m de fil ?

\+ − × ÷

Calcul et/ou schéma :

Phrase réponse :

3

Dans un bol de céréales, 50 % des céréales sont rouges,
32 % sont vertes et 18 % sont bleues.
Il y a 175 céréales rouges.

Combien y a-t-il de céréales bleues ?

+ − × ÷

Calcul et/ou schéma :

Phrase réponse :

4

M. Torino gagne 33 240 € par an.
Il a économisé 15 % de cette somme cette année.

Combien d'argent a-t-il économisés cette année ?
Combien d'argent économise-t-il en moyenne chaque mois ?

+ − × ÷

Calcul et/ou schéma :

Phrase réponse :

5

Une piscine a une longueur de 15 m et sa largeur est égale à $\frac{1}{3}$ de la longueur. Elle contient un volume de 135 m^3.

Quelle est la hauteur d'eau de la piscine ?

Calcul et/ou schéma :

Phrase réponse :

6

J'ai reçu les plans de mon appartement. Je connais les mesures des cotés mais j'ignore l'aire qui n'est pas indiquée.
De plus l'architecte a confondu m et cm.

Quelle est l'aire réelle de mon appartement en m^2 ?

Calcul et/ou schéma :

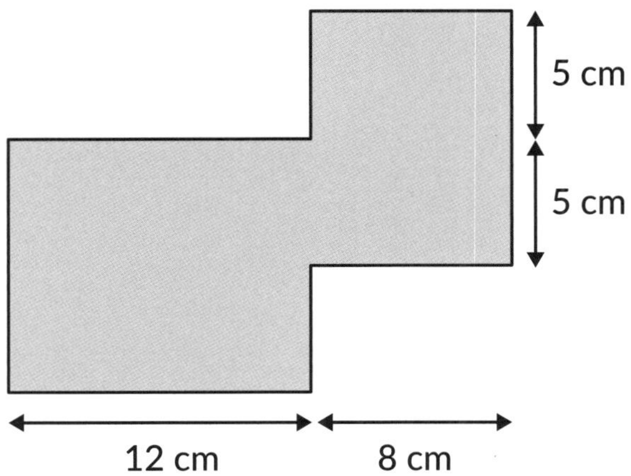

Phrase réponse :

7

L'entreprise ALEF a 12 fois moins de clients que l'entreprise BETH, qui en a 3 fois plus que l'entreprise GIMEL, qui en a 1 552.

Combien de clients ont les 3 entreprises ?
Combien l'entreprise ALEF a-t-elle de fois moins de clients que l'entreprise GIMEL ?

\+ − × ÷

Calcul et/ou schéma :

Phrase réponse :

8

Une canette de soda contient 33 cl et une cuve de soda permet de remplir 2 700 canettes.
L'usine possède 57 cuves.

Combien de litres contient une cuve ?
Combien de canettes peut-elle produire au maximum ?

\+ − × ÷

Calcul et/ou schéma :

Phrase réponse :

9

Au marché de Rungis, M. Apple achète 560 melons pour 504 €.
Il emballe ses melons par caisses de 4, et vend la caisse à 8 €.

Après avoir tout vendu, combien d'argent gagne M. Apple ?
Quel est son bénéfice ?

Calcul et/ou schéma :

Phrase réponse :

10

Mona et Lisa sont serveuses dans un restaurant.
À la fin du mois elles ont gagné en tout 790 € de pourboires à elles deux. Mais Mona a gagné 150 € de plus que Lisa.

Combien d'argent Lisa a-t-elle gagné ?

Calcul et/ou schéma :

Phrase réponse :

11

Aramis achète 2 épées identiques et une paire de bottes.
Il paie avec 2 billets de 200 € et reçoit 60,25 €.
Nous savons que les bottes coutent 39,85 €.

Quel est le prix d'une épée ?

+ − × ÷

Calcul et/ou schéma :

Phrase réponse :

12

Talia achète 3 livres et 1 jeu. Le jeu coute 43,75 €.
Elle remarque que le jeu coute 3,5 fois plus cher qu'un livre.

Combien a-t-elle dépensé en tout ?

+ − × ÷

Calcul et/ou schéma :

Phrase réponse :

13

Un jardin a une aire de 200 m².

Marco tond les $\frac{2}{5}$ du jardin et son frère Polo en tond $\frac{1}{4}$.

Quelle est l'aire tondue par Marco et Polo en m² ?

+ – × ÷

Calcul et/ou schéma :

Phrase réponse :

14

Durant la fête de l'école, la maitresse vend 304 canettes de jus de fruit durant la journée.
Elle a vendu 58 canettes de plus l'après-midi que le matin.

Combien de canettes a-t-elle vendues l'après-midi ?

+ – × ÷

Calcul et/ou schéma :

Phrase réponse :

15

Dans un magasin, Julia dépense $\frac{4}{6}$ de son argent pour des livres et $\frac{1}{4}$ pour des fournitures. Julia avait 120 € au départ.

Quelle portion de son argent Julia dépense-t-elle ?
Combien d'argent lui reste-il ?

+ − × ÷

Calcul et/ou schéma :

Phrase réponse :

16

Maxime achète une montre ainsi qu'une télévision.
La télévision coute 4 fois le prix de la montre.
Il dépense 250 €.

Quel est le prix de la montre ?

+ − × ÷

Calcul et/ou schéma :

Phrase réponse :

CHAPITRE 12

Résolution de problèmes

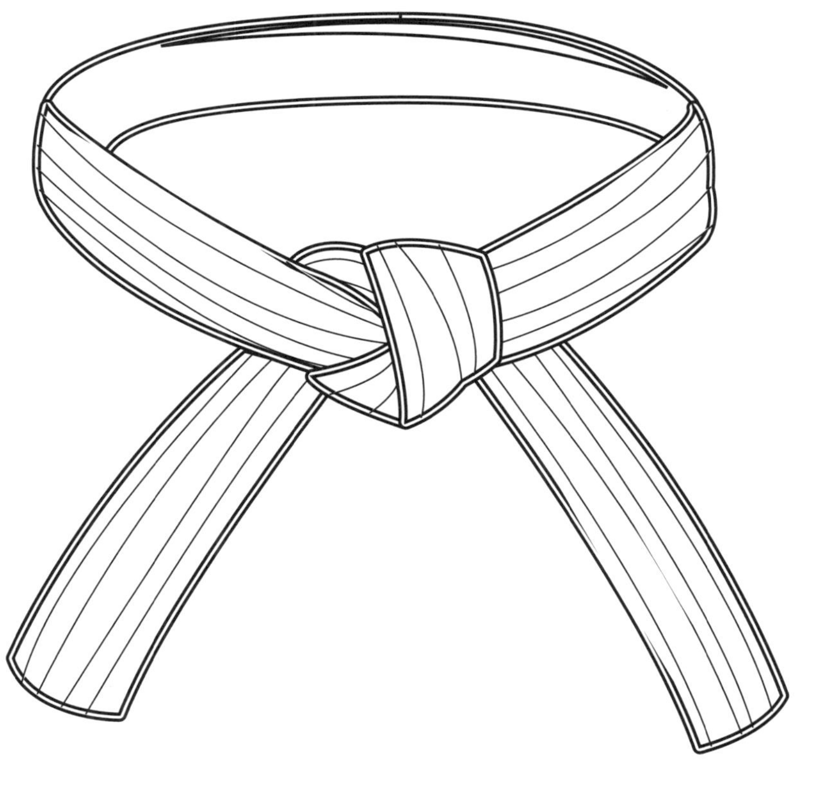

Dans ma trousse, il y a 8 feutres rouges et des feutres bleus.
J'ai 12 feutres en tout. **Combien y a-t-il de feutres bleus ?**

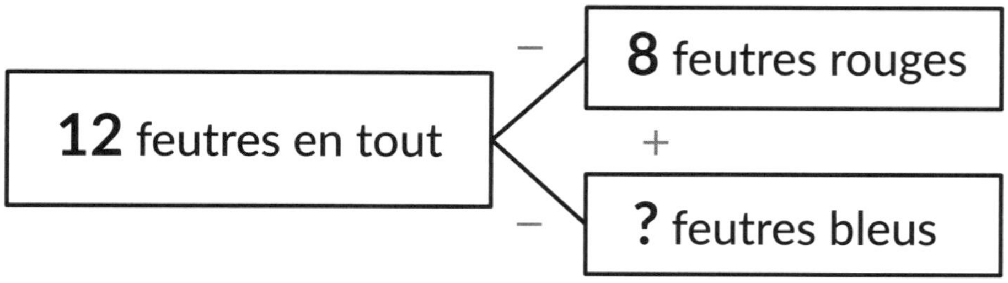

Dans ma trousse, il y a 8 feutres rouges.
Mon copain en a 4 de plus. **Combien a-t-il de feutres ?**

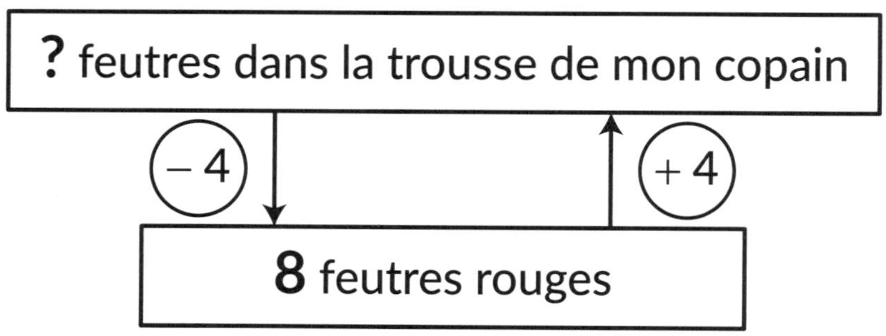

Dans ma trousse, j'ai ajouté 8 feutres rouges et
j'ai 12 feutres maintenant. **Combien de feutres avais-je avant ?**

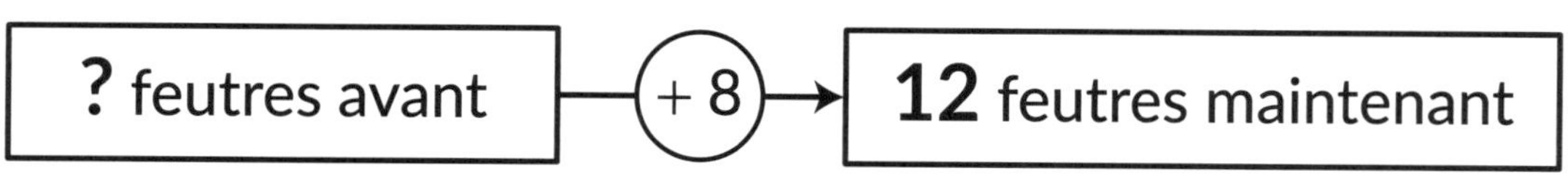

Dans ma trousse, j'ajoute 8 feutres rouges puis
j'ajoute 4 feutres bleus. **Combien ai-je ajouté de feutres ?**

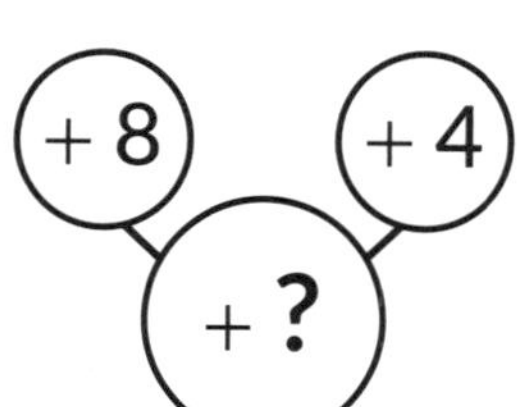

1

Quelle est l'aire du triangle gris en cm^2 ?

Calcul et/ou schéma :

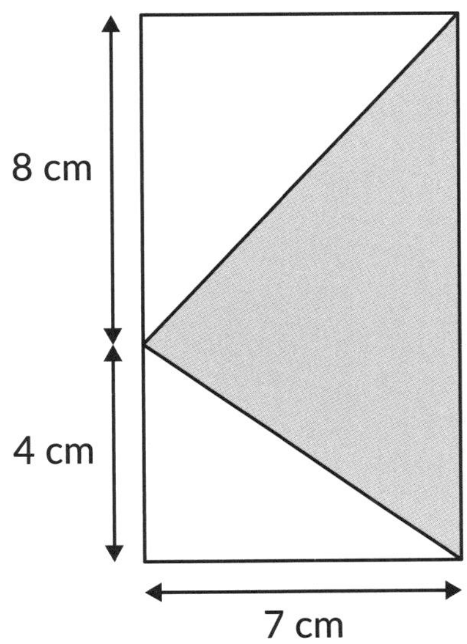

Phrase réponse :

2

Dans un vignoble une machine peut remplir 40 bouteilles de vin en 5 minutes. Ces bouteilles contiennent 0,75 litre de vin.

Combien de litres de vin vont être utilisés en 1 h ?
Et en 1 h 30 ?

Calcul et/ou schéma :

Phrase réponse :

3

Abélard parcourt 1 km et 600 m en 20 minutes,
Bastien parcourt 330 m en 4 minutes et Childéric met 8 min pour faire 680 m.

Qui marche le plus vite avec la plus grande vitesse moyenne ?

Calcul et/ou schéma :

Phrase réponse :

4

Ce cube a une arête de 13 m.

Quelle est l'aire d'une face ?
Quel est le volume du cube ?

Calcul et/ou schéma :

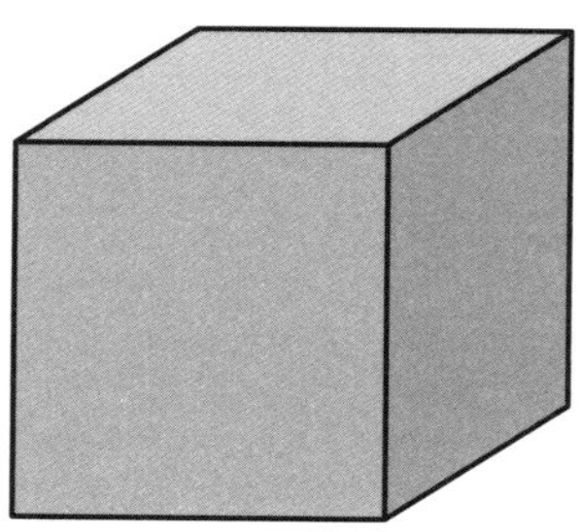

Phrase réponse :

5

Madame Michu, la boulangère, a vendu 2 463 baguettes de tradition le mois dernier. Ce mois-ci elle vend 4 fois plus de baguettes.

Combien a-t-elle vendu de baguettes ce mois-ci ?
Une baguette étant vendue 1,10 €, combien d'argent a-t-elle gagné ce mois-ci ?

+ − × ÷

Calcul et/ou schéma :

Phrase réponse :

6

M. Wallace range 1 554 livres de manière égale sur 7 étagères.

Sur la dernière étagère, les $\frac{2}{3}$ des livres sont des romans.

Combien y a-t-il de livres sur chaque étagère ?
Combien y a-t-il de romans sur la dernière étagère ?

+ − × ÷

Calcul et/ou schéma :

Phrase réponse :

7

Dans un garage, 3 scooters d'occasion identiques valent ensemble 2 397 €.
Une voiture neuve est vendue 6 fois le prix de 5 scooters.

Combien valent 5 scooters ? Combien coute la voiture neuve ?

+ − × ÷

Calcul et/ou schéma :

Phrase réponse :

8

Durant les 6 derniers mois, Vladimir a gagné 1 950 € par mois.
Il a réussi à économiser 2 350 €.

Combien a-t-il dépensé ? Il dit « J'ai dépensé exactement les $\frac{4}{5}$ de ce que j'ai gagné ! » est-ce vrai ?

+ − × ÷

Calcul et/ou schéma :

Phrase réponse :

9

Quelle est l'aire du triangle gris ?
À quelle fraction de l'aire du rectangle est-elle égale ?

Calcul et/ou schéma :

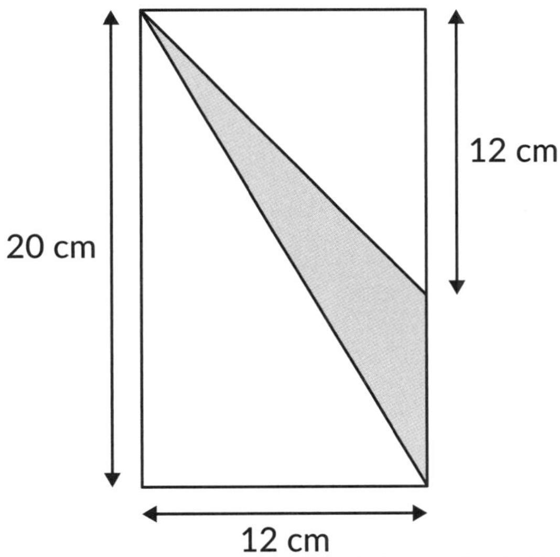

Phrase réponse :

10

Le robinet de la baignoire est ouvert à 10 h 00.
Il laisse couler 20 litres par minute.

Sachant que la baignoire peut contenir 190 litres, à quelle heure va-t-elle déborder ?

Calcul et/ou schéma :

Phrase réponse :

11

M. Gold gagne 3 460 € chaque mois et dépense les $\frac{7}{8}$ à chaque fois. Il économise précieusement le reste.

Combien a-t-il économisé en une année ?

+ − × ÷

Calcul et/ou schéma :

Phrase réponse :

12

Le vendeur du magasin d'électroménager vend 7 télévisions à 989 €. Il vend aussi 9 réfrigérateurs à 756,50 €.

Combien a-t-il gagné d'argent en tout grâce à ses ventes ?

+ − × ÷

Calcul et/ou schéma :

Phrase réponse :

13

Mon grand-père se débarrasse de sa collection de 1 647 billes.
Il en donne à l'école du village.
Il ne lui en reste que 90 et chaque enfant a reçu 9 billes.

Combien d'enfants y a-t-il dans l'école ?

+ − × ÷

Calcul et/ou schéma :

Phrase réponse :

14

Un automobiliste sait qu'il consomme 12,5 litres d'essence pour parcourir 250 km.

Quelle était sa consommation d'essence pour un parcours de 50 km ?
Quelle est la contenance du réservoir sachant qu'il peut parcourir au maximum 1 100 km ?

+ − × ÷

Calcul et/ou schéma :

Phrase réponse :

15

Au marché Alphonse achète chez le poissonnier $\frac{2}{5}$ de kg de langoustines. Balthus achète les $\frac{3}{8}$ de ce qu'a acheté Alphonse et Clovis achète $\frac{1}{10}$ de kg de langoustines de moins qu'Alphonse.

Quelle est la quantité de langoustines achetée par chacun d'eux ?

+ − × ÷

Calcul et/ou schéma :

Phrase réponse :

16

Voici le plan d'un jardin.
Pour planter une haie, il faut connaitre le périmètre. Pour poser le gazon, il faut connaitre l'aire de ce terrain.

Quel est le périmètre en mètres et quelle est l'aire du jardin en m² ?

+ − × ÷

Calcul et/ou schéma :

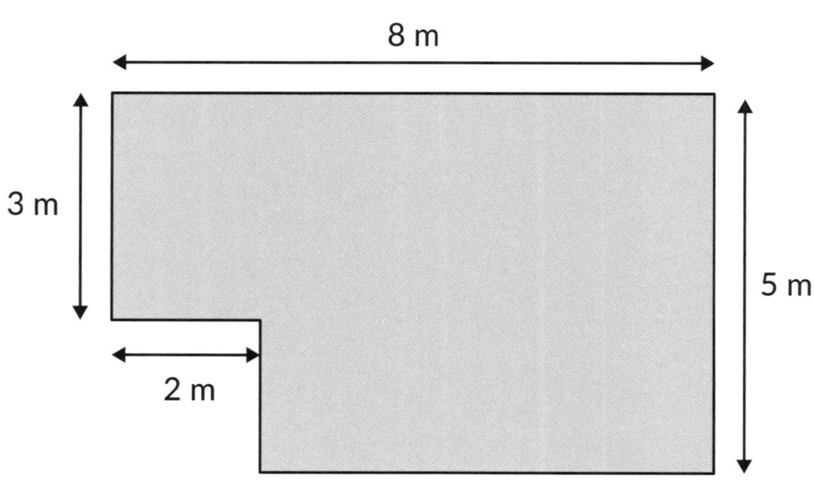

Phrase réponse :

CHAPITRE 13

Résolution de problèmes

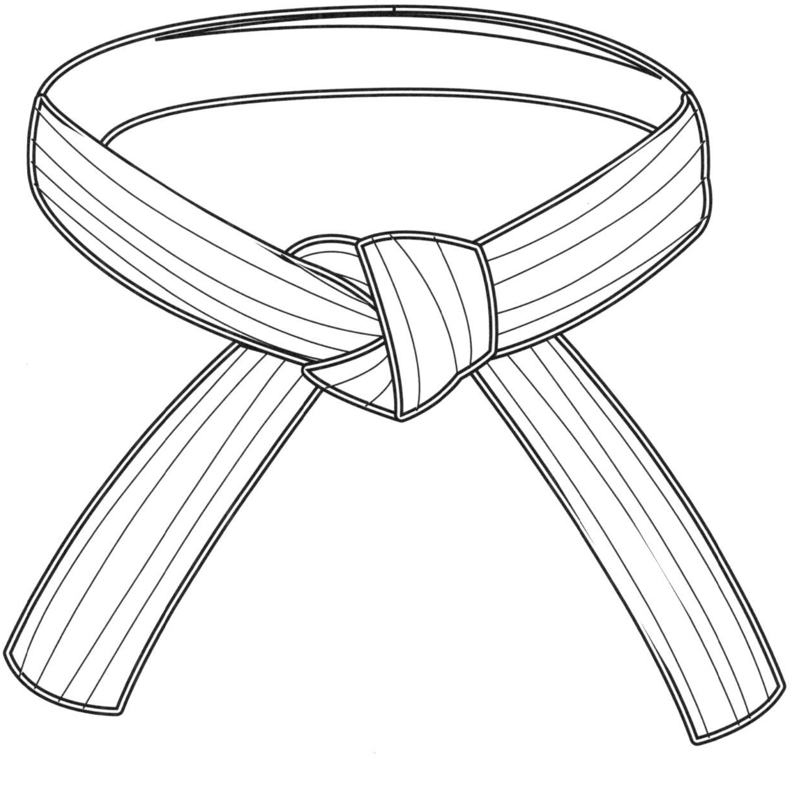

Dans ma trousse, il y a 8 feutres rouges et des feutres bleus.
J'ai 12 feutres en tout. **Combien y a-t-il de feutres bleus ?**

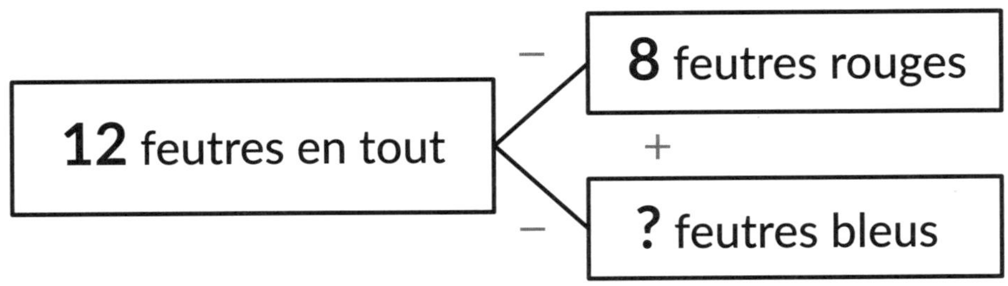

Dans ma trousse, il y a 8 feutres rouges.
Mon copain en a 4 de plus. **Combien a-t-il de feutres ?**

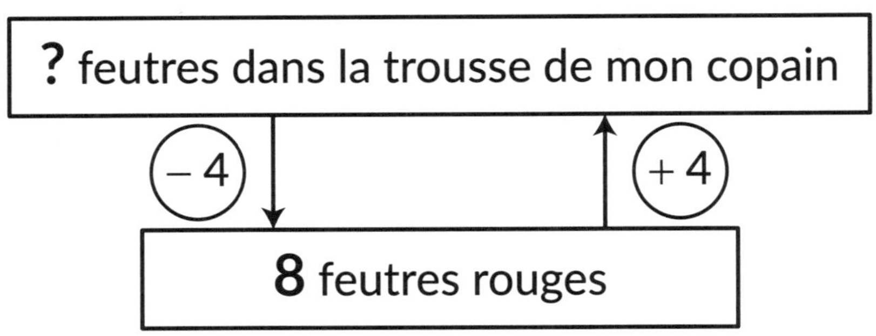

Dans ma trousse, j'ai ajouté 8 feutres rouges et
j'ai 12 feutres maintenant. **Combien de feutres avais-je avant ?**

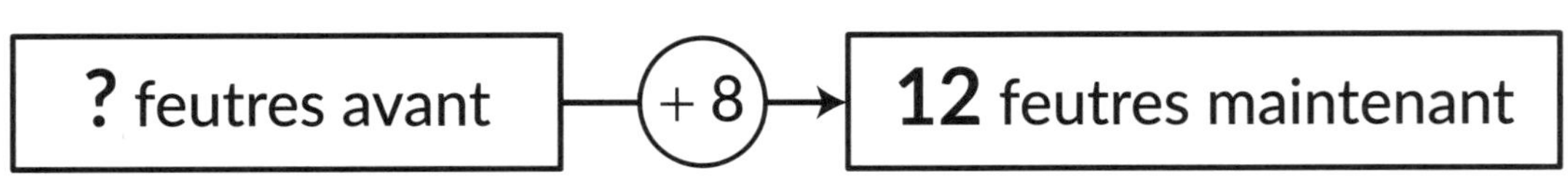

Dans ma trousse, j'ajoute 8 feutres rouges puis
j'ajoute 4 feutres bleus. **Combien ai-je ajouté de feutres ?**

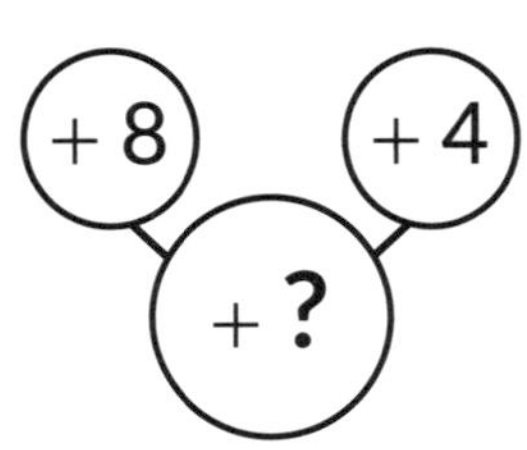

1

Voici le dessin d'une enveloppe.
Les mesures de la hauteur et de la longueur sont données.

Quelle est l'aire de la surface grise ?
Quelle fraction du rectangle représente-t-elle ?

Calcul et/ou schéma :

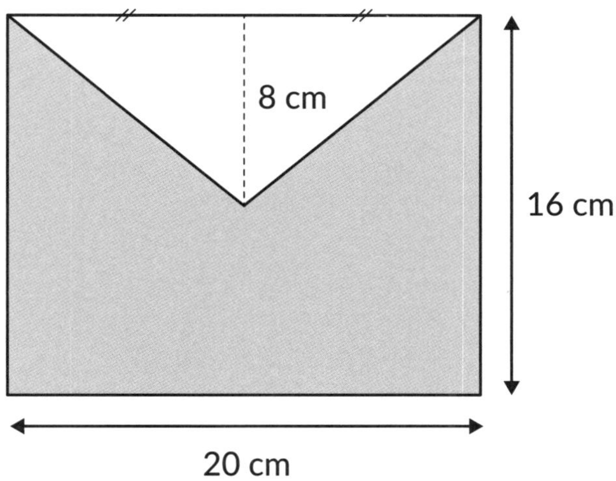

Phrase réponse :

2

Pour se rendre à Bordeaux, situé à 576 km de son domicile, Rosanna est partie de chez elle à 8 h 30 et est arrivée à 17 h 30. Elle a fait une pause de 3 h durant le trajet.

À quelle vitesse moyenne, en km/h, a-t-elle roulé durant ce trajet ?
Quelle est sa vitesse moyenne en km/h sans la pause ?

Calcul et/ou schéma :

Phrase réponse :

3

Les $\frac{7}{13}$ des étudiants d'une université sont des filles.
Il y a 2 016 garçons.

Combien y a-t-il d'étudiants dans cette université ?
Combien y a-t-il de garçons de moins que de filles ?

+ − × ÷

Calcul et/ou schéma :

Phrase réponse :

4

M. Pomodoro va vendre 173 cageots de tomates de 28 tomates chacun.
Avant de les vendre M. Pomodoro doit retirer 260 tomates pourries.
Il vend les tomates restantes à 4 magasins.

Combien de tomates ont été achetées par les magasins sachant qu'ils achètent la même quantité ?

+ − × ÷

Calcul et/ou schéma :

Phrase réponse :

5

Je fais mes courses et achète du fromage pour 14,56 €, des fruits pour 9,80 €, de la saucisse pour 28,76 € et des olives pour 16,30 €. J'ai payé avec un billet de 100 €.

Combien ai-je payé ? Combien de monnaie ai-je reçu ? Ai-je assez de monnaie pour acheter 3 bouteilles de vin à 10 € 15 cts la bouteille ?

+ − × ÷

Calcul et/ou schéma :

Phrase réponse :

6

Ignace refait ses 9 rideaux et utilise 4,75 m de tissu pour chaque rideau. Il lui reste 2,25 m de tissu à la fin de ses travaux.

Combien de mètres de tissu avait-il achetés ?
Sachant qu'il a payé 76 € 50 cts, quel est le prix du mètre de tissu ?

+ − × ÷

Calcul et/ou schéma :

Phrase réponse :

7

Quel est le périmètre de cette surface ?
Quelle est son aire ?

Je souhaite remplir cette surface avec des dalles de carrelage au sol. J'utilise 120 dalles à 4,50 € l'unité pour cela.

Quelle est l'aire d'une dalle ? Combien ai-je payé les 120 dalles ?

Calcul et/ou schéma :

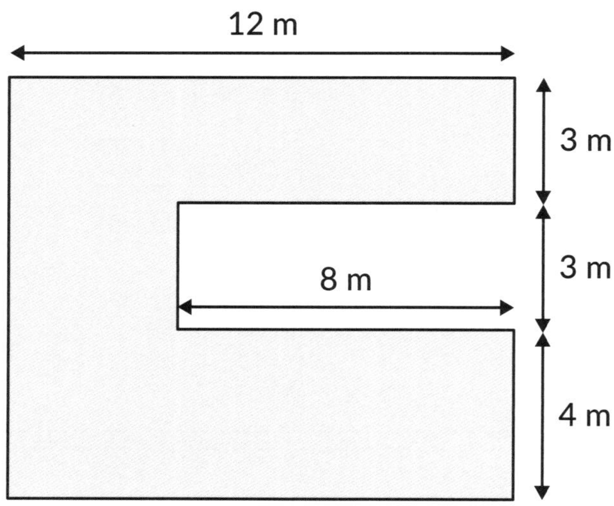

Phrase réponse :

8

Il y a 8 triangles rectangles isocèles dans cette figure.
Les côtés adjacents et opposés mesurent tous les deux 8 cm.

Quelle est l'aire de cette figure ?

+ − × ÷

Calcul et/ou schéma :

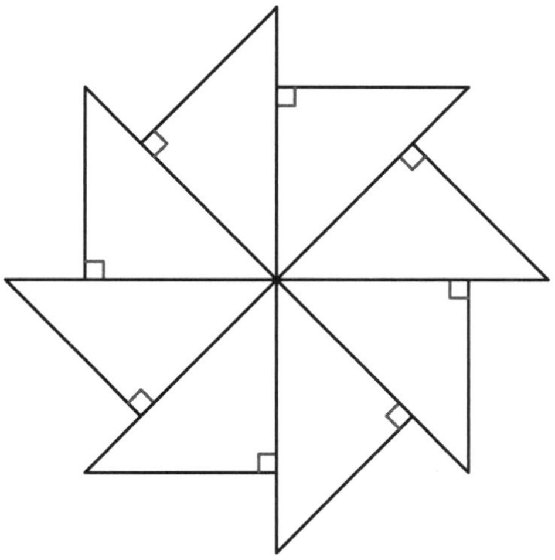

Phrase réponse :

9

Un scout monte une installation pour un camp en forêt.
Il utilise $6\frac{3}{5}$ m de corde.
Son chef de groupe utilise $1\frac{2}{5}$ m de moins.

À deux, combien de mètres de corde ont-ils utilisés ?

+ − × ÷

Calcul et/ou schéma :

Phrase réponse :

10

Un peintre achète 14,5 litres de colorant et de la peinture blanche.
Il achète 15 fois plus de peinture que de colorant.

Combien de litres de peinture a-t-il achetés ? Combien de litres de mélange a-t-il créés ? Avec 1 litre de mélange colorant/peinture il peut peindre 15 m^2, combien de m^2 a-t-il peint en tout ?

\+ − × ÷

Calcul et/ou schéma :

Phrase réponse :

11

Je prépare des gâteaux pour le gouter de fin d'année de l'école.
J'ai réalisé 9 gâteaux avec 2 paquets de farine.
La directrice me dit qu'il faut 54 gâteaux.

Combien de kg de farine vais-je utiliser sachant qu'un paquet pèse 1,25 kg ?

\+ − × ÷

Calcul et/ou schéma :

Phrase réponse :

12

Janelle pèse 39,6 kg, soit 3 fois plus que son petit frère qui lui, pèse 7 fois moins que son père.

Quel est le poids du chien Woolfy sachant qu'il pèse $\frac{1}{20}$ du poids du père ?

Calcul et/ou schéma :

Phrase réponse :

13

Le petit aquarium ci-dessous peut contenir 3,24 litres d'eau.

Il est actuellement rempli à $\frac{1}{3}$. L'aire du bac est de 216 cm^2.

Quelle est la hauteur du niveau d'eau ? (1 litre = 1 000 cm^3)

Calcul et/ou schéma :

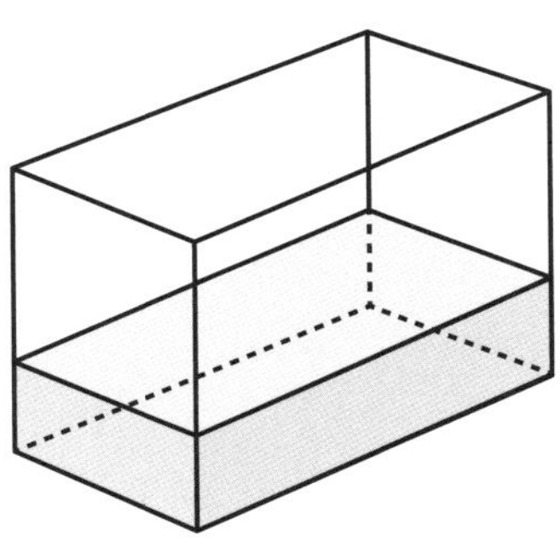

Phrase réponse :

14

Deux rectangles sont superposés.
Il y a une marge de 10 centimètres autour du rectangle central.

Quels sont les périmètres des 2 rectangles en mètres ?
Quelle est l'aire du rectangle central en m² ?
Quelle est l'aire de la marge autour du rectangle central en m² ?

Calcul et/ou schéma :

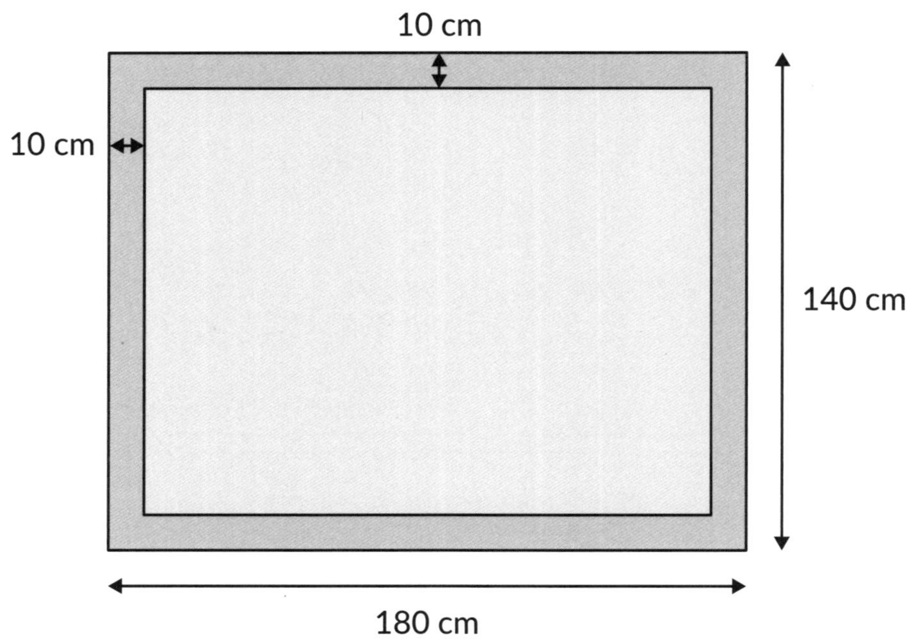

Phrase réponse :

CHAPITRE 14

Résolution de problèmes

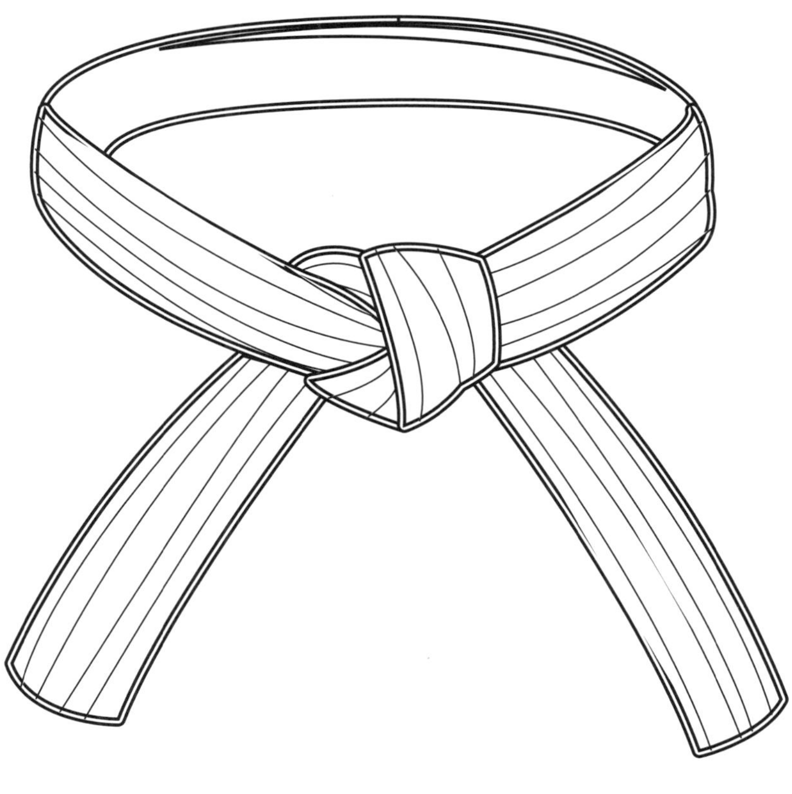

Dans ma trousse, il y a 8 feutres rouges et des feutres bleus.
J'ai 12 feutres en tout. **Combien y a-t-il de feutres bleus ?**

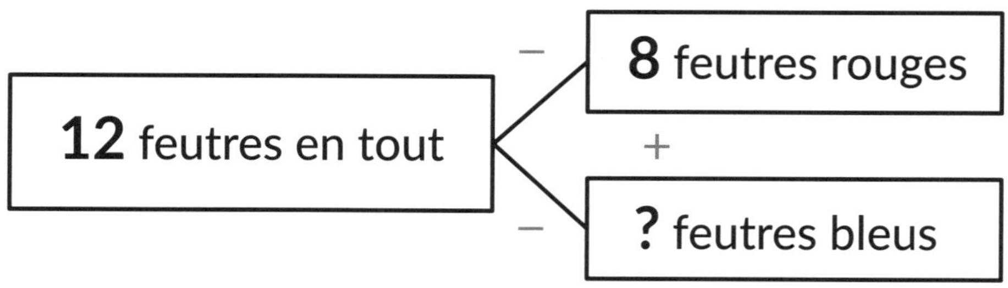

Dans ma trousse, il y a 8 feutres rouges.
Mon copain en a 4 de plus. **Combien a-t-il de feutres ?**

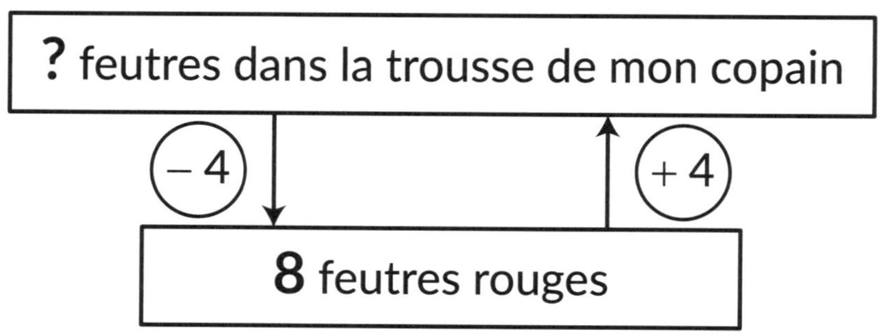

Dans ma trousse, j'ai ajouté 8 feutres rouges et
j'ai 12 feutres maintenant. **Combien de feutres avais-je avant ?**

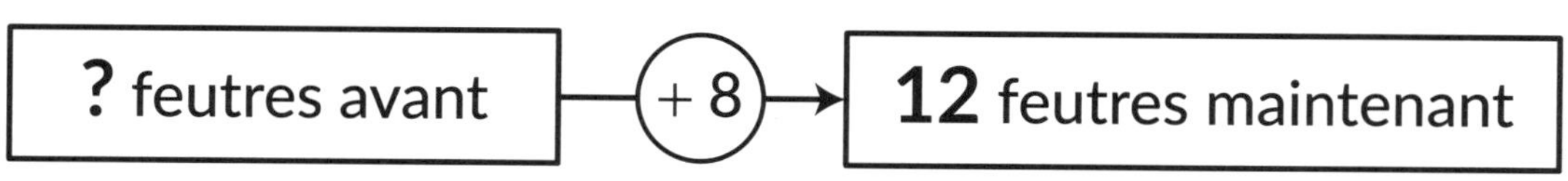

Dans ma trousse, j'ajoute 8 feutres rouges puis
j'ajoute 4 feutres bleus. **Combien ai-je ajouté de feutres ?**

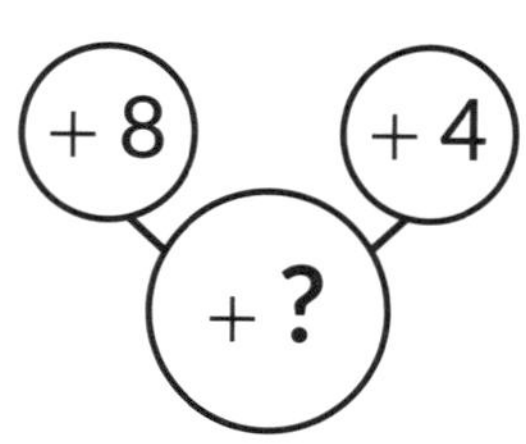

1

Si je mélange 23,56 litres de peinture rouge avec 22,44 litres de peinture jaune, j'obtiens de la peinture orange.
J'utilise $\frac{7}{10}$ de cette peinture.

Combien de litres de peinture reste-t-il ?

Calcul et/ou schéma :

Phrase réponse :

2

Pour un gouter, Niels verse équitablement 65 cl de sirop de pomme dans 25 verres.
Il complète les verres avec de l'eau jusqu'à avoir 25 cl dans chaque verre.

Quel est le volume d'eau ajouté dans chaque verre ?
Quel est le volume d'eau total ?

Calcul et/ou schéma :

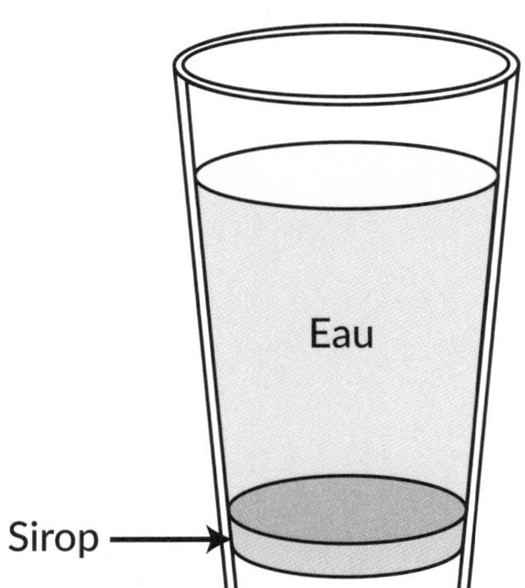

Phrase réponse :

3

12 boites de gâteaux au chocolat contiennent 168 gâteaux
et chaque gâteau coute 0,20 €.

Combien de gâteaux pourront êtres contenus dans 45 boites ?
Quel sera le prix de ces 45 boites ?

+ – × ÷

Calcul et/ou schéma :

Phrase réponse :

4

Gaïa a 54 €.
Hector a 3 fois plus d'argent que Gaïa et 20 € de moins qu'Iphigénie.
Iphigénie possède le quart de l'argent de Jocaste.
Cassiopée a le septième de l'argent de Jocaste.

Quelle somme ont Hector, Iphigénie, Jocaste et Cassiopée ?

+ – × ÷

Calcul et/ou schéma :

Phrase réponse :

5

Un bac d'eau rectangulaire mesure 60 cm de long et 40 cm de large.
La hauteur de l'eau est de 12 cm.
Quand on dépose un pavé dans le bac, le niveau monte jusqu'à 15 cm.

Quel est le volume du pavé en cm^3 ?

+ − × ÷

Calcul et/ou schéma :

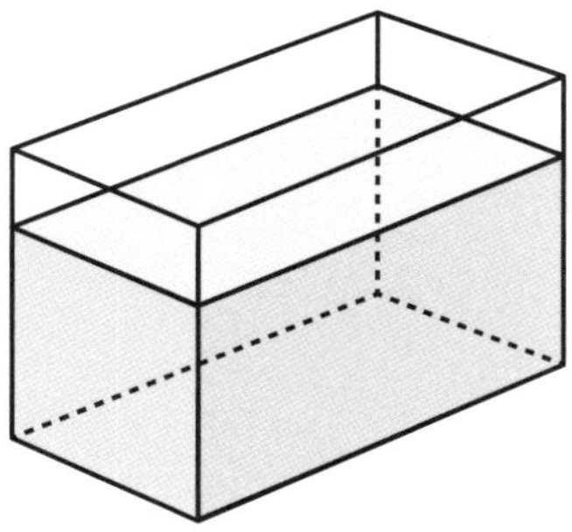

Phrase réponse :

6

Une caisse qui contient 18 melons pèse 15,540 kg.
Quand elle est vide, la caisse pèse 2,04 kg.

Quelle est la masse des 18 melons ?
Quelle est la masse de 45 melons ?

+ − × ÷

Calcul et/ou schéma :

Phrase réponse :

7

Quelles sont les aires des zones A, B et C ainsi que leurs périmètres ?

Calcul et/ou schéma :

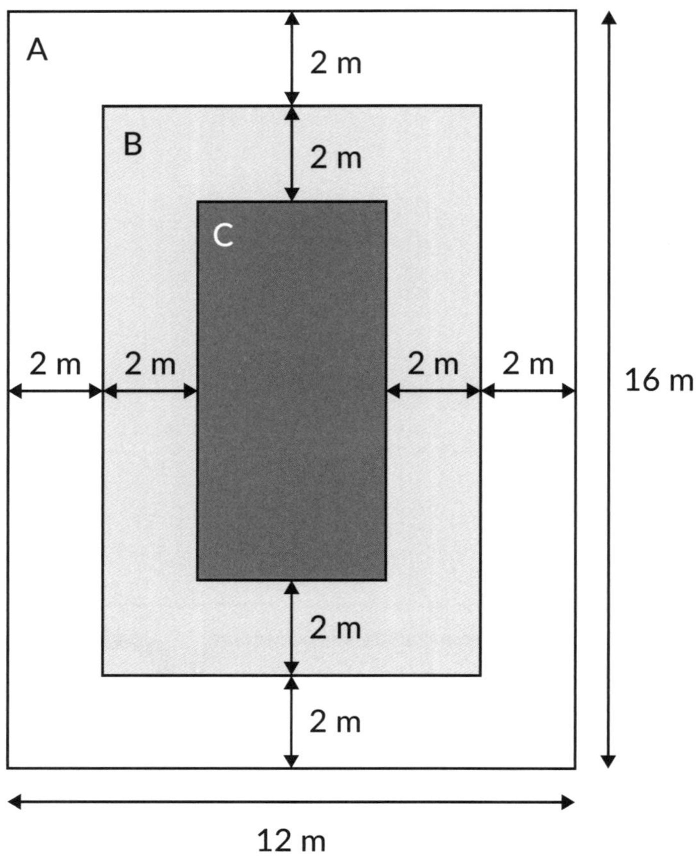

Phrase réponse :

8

Le périmètre d'une face d'un cube est 64 cm.

Quelle est l'aire d'une face en m^2 ?
Quel est son volume en m^3 ?

+ − × ÷

Calcul et/ou schéma :

Phrase réponse :

9

Un aquarium rectangulaire mesure 30 cm de long, 20 cm de large et 20 cm de haut.

Combien faut-il de litres d'eau pour le remplir ?
En le remplissant à un débit de 2,5 litres par minute, combien de temps faut-il pour le remplir ? (en minutes et secondes)

+ − × ÷

Calcul et/ou schéma :

Phrase réponse :

10

Je coupe une cordelette de 2 800 cm en 3 morceaux.
Le premier morceau est 2 fois plus long que le deuxième.
Le deuxième morceau est 2 fois plus long que le troisième.

Quelle est la longueur en centimètres des 3 morceaux ?

+ − × ÷

Calcul et/ou schéma :

Phrase réponse :

11

Pour un achat Émile décide de payer en plusieurs fois.
Il verse d'abord $\frac{1}{10}$ de la somme totale, soit 250 €.
Il paye le reste de son achat en 12 mensualités identiques.

Combien paye Émile chaque mois ?

+ − × ÷

Calcul et/ou schéma :

Phrase réponse :

12

Dans un groupe de 48 enfants, $\frac{2}{6}$ sont des filles et les $\frac{3}{8}$ de celles-ci sont brunes. $\frac{3}{4}$ des garçons sont bruns aussi.

Combien y a-t-il de garçons bruns et de filles brunes ?
Cela représente quelle fraction du groupe d'enfants ?

Calcul et/ou schéma :

Phrase réponse :

13

Mme Ubac prépare une fondue au fromage.
Elle mélange 6,900 kg de comté avec le double d'autres fromages.
Elle partage équitablement ce mélange entre 18 personnes.

Quelle est la quantité de fondue reçue par chaque personne ?

Calcul et/ou schéma :

Phrase réponse :

14

Les mesures des côtés de cette forme sont données.
La bande extérieure, tout autour de la forme centrale, mesure 1 m de large.

Quel est le périmètre de la forme extérieure ?
Quel est le périmètre de la forme intérieure ?
Quelle est l'aire totale ? Quelle est l'aire de la forme intérieure ?
Quelle est l'aire de la bande extérieure ?

+ − × ÷

Calcul et/ou schéma :

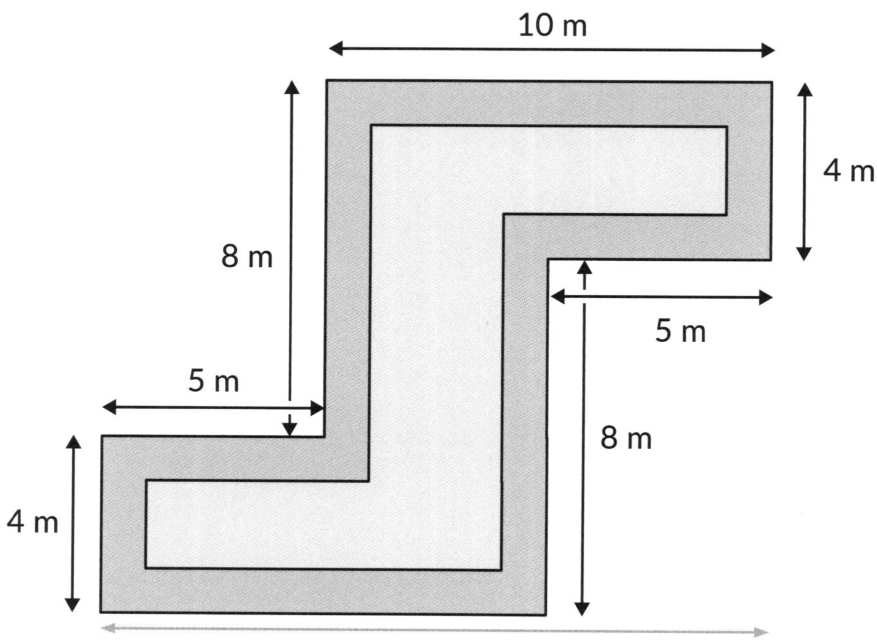

Phrase réponse :

CHAPITRE 15

Résolution de problèmes

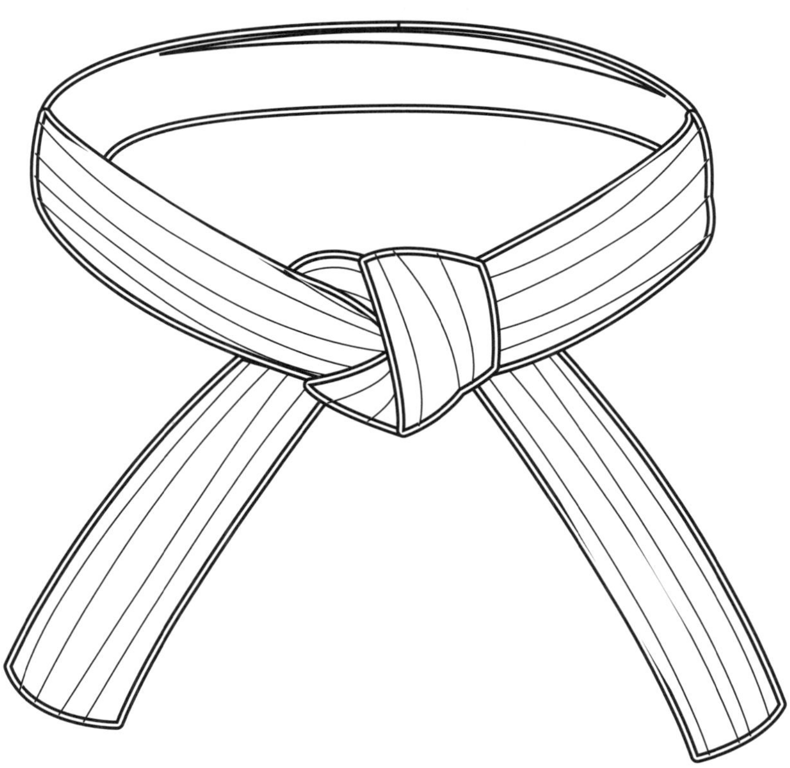

Dans ma trousse, il y a 8 feutres rouges et des feutres bleus.
J'ai 12 feutres en tout. **Combien y a-t-il de feutres bleus ?**

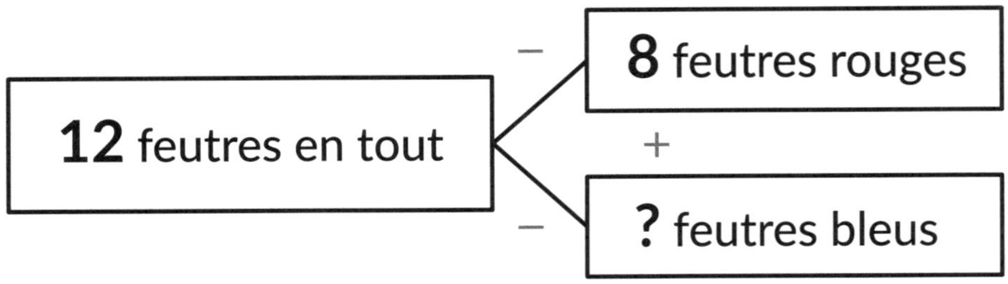

Dans ma trousse, il y a 8 feutres rouges.
Mon copain en a 4 de plus. **Combien a-t-il de feutres ?**

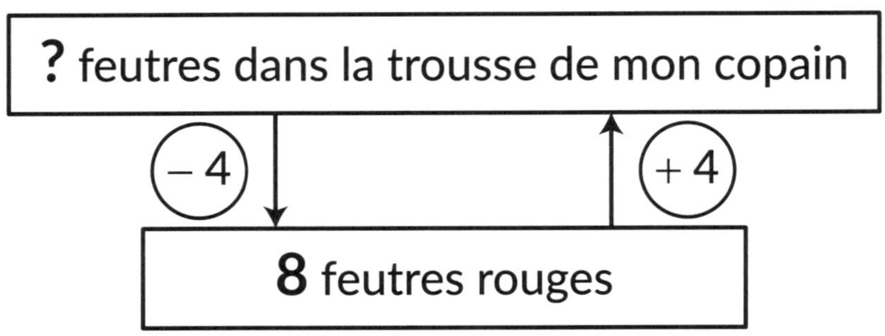

Dans ma trousse, j'ai ajouté 8 feutres rouges et
j'ai 12 feutres maintenant. **Combien de feutres avais-je avant ?**

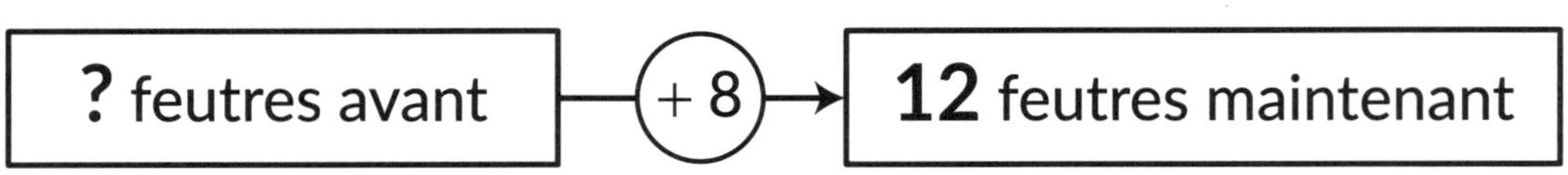

Dans ma trousse, j'ajoute 8 feutres rouges puis
j'ajoute 4 feutres bleus. **Combien ai-je ajouté de feutres ?**

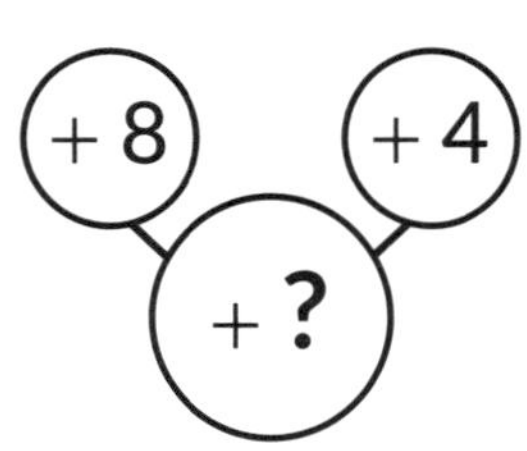

1

Un réservoir rectangulaire contient 2,03 litres d'eau.
L'aire du fond du réservoir est de 116 cm^2.

Quelle est la hauteur d'eau dans le réservoir ?
(1 litre = 1 000 cm^3)

+ − × ÷

Calcul et/ou schéma :

Phrase réponse :

2

Un rectangle à le même périmètre qu'un carré sachant que sa longueur est de 48 cm et sa largeur 24 cm.

Quel est le périmètre du carré ?
Qui a l'aire la plus grande, le rectangle ou le carré ?

+ − × ÷

Calcul et/ou schéma :

Phrase réponse :

3

ABCD est un carré et BEFC est un rectangle.
Le périmètre du carré est de 24 cm, le périmètre du rectangle est de 38 cm.

Combien de cm mesure le côté BE ?
Quelle est l'aire de AEFD ?

Calcul et/ou schéma :

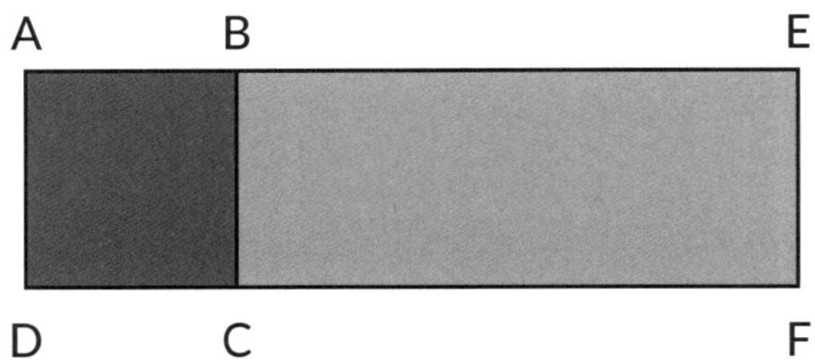

Phrase réponse :

4

Maël est couturier et dispose de 40 m de tissu.
Il utilise 13,68 m pour créer des prototypes et partage le reste en 8 morceaux identiques pour créer des patrons.

Combien de mètres de tissu a-t-il utilisés pour la construction d'un patron ?

Calcul et/ou schéma :

Phrase réponse :

5

Le boulanger fabrique 4 fois plus de croissants que de pains au chocolat.
Le nombre de pains au chocolat est égal à $\frac{6}{8}$ des 1 400 chaussons aux pommes.

Combien y a-t-il de croissants ?

+ − × ÷

Calcul et/ou schéma :

Phrase réponse :

6

Au marché, le marchand de fruits et légumes a en réserve 45 cageots de pêches.
Dans 1 cageot, il y a 36 pêches. Il décide de vendre 2 pêches pour 3 €.

Combien d'argent va-t-il gagner après avoir tout vendu ?

+ − × ÷

Calcul et/ou schéma :

Phrase réponse :

7

Un plateau mesure 60 cm de long sur 36 cm de large.
Il contient de l'eau et une brique. Lorsque je retire la brique, le niveau baisse de 3 cm.

Quel est le volume de la brique en cm^3 ?
Le plateau peut contenir 43,2 litres d'eau, quelle est sa hauteur en cm ?

Calcul et/ou schéma :

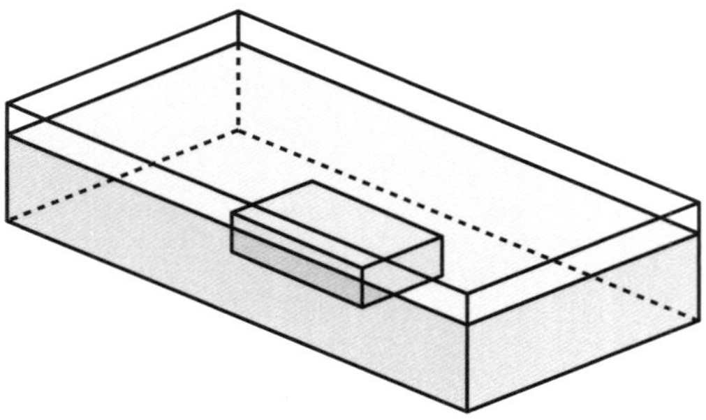

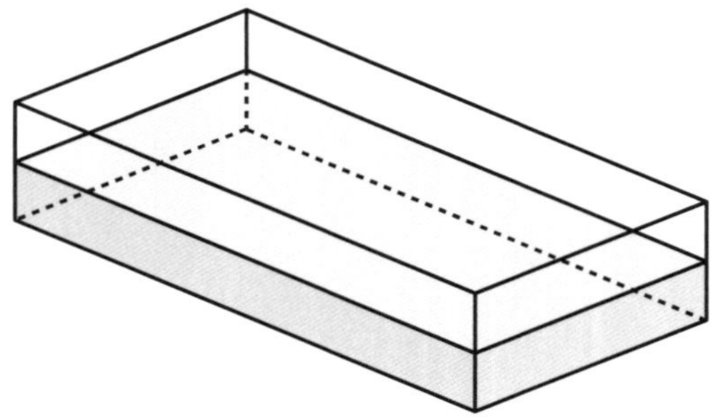

Phrase réponse :

8

Mon jardin est rectangulaire et mesure 43 m par 27 m.
Je dois installer une clôture tout autour et le prix de celle-ci est de 8,60 € le mètre.

Combien vais-je dépenser pour installer la clôture ?

$+$ $-$ $\times$ $\div$

Calcul et/ou schéma :

Phrase réponse :

9

Gweltaz boit $\frac{3}{20}$ de litre de jus de pommes.
Son ami Malo boit $\frac{2}{5}$ de litre de plus que lui.

Combien de cl de jus de pommes ont-ils bus en tout ?

$+$ $-$ $\times$ $\div$

Calcul et/ou schéma :

Phrase réponse :

10

Voici un jardin rectangulaire avec un bassin en son centre.

Quel est le périmètre du bassin ?
Quelle est l'aire du bassin ?

+ − × ÷

Calcul et/ou schéma :

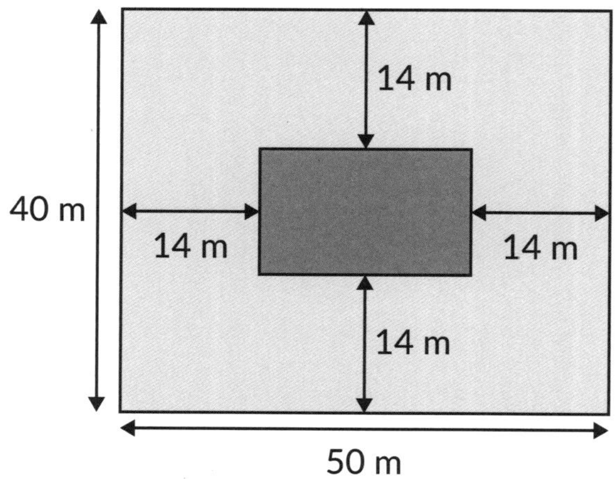

Phrase réponse :

11

Mme Fleurette, la pâtissière, fabrique 1 656 chouquettes qu'elle emballe dans des sachets de 12 chouquettes.
Elle vend le sachet à 4,50 €.

Combien d'argent gagnera-t-elle si elle vend tout ?

+ − × ÷

Calcul et/ou schéma :

Phrase réponse :

12

Sur un étalage de pommes au supermarché, 80 % des pommes sont rouges et les autres sont vertes.
85 % des pommes rouges sont mûres et seulement 6 pommes rouges ne sont pas mûres.

Combien y a-t-il de pommes sur l'étalage ?

+ − × ÷

Calcul et/ou schéma :

Phrase réponse :

13

Tom a 380 € de plus que Jean.
Tom à 476 € de moins que Luc. Luc a $\frac{2}{5}$ de l'argent de Clara qui a 2 300 €.

Combien d'argent ont-ils chacun ? Combien ont-ils en tout ?

+ − × ÷

Calcul et/ou schéma :

Phrase réponse :

14

Un aquarium mesure 60 cm de long par 30 cm de large et 30 cm de haut. Il est rempli d'eau à ras bord. Je vide exactement 38,7 litres d'eau.

Quel est le volume maximal ?
Quel est le volume d'eau après avoir vidé l'eau ?
À quelle hauteur se trouve le niveau de l'eau maintenant ?
Si je rajoute 6,5 cm d'eau, quel sera le nouveau volume d'eau dans l'aquarium ? (1 litre = 1 000 cm^3)

+ − × ÷

Calcul et/ou schéma :

Phrase réponse :

CHAPITRE 16

Résolution de problèmes

Dans ma trousse, il y a 8 feutres rouges et des feutres bleus. J'ai 12 feutres en tout. **Combien y a-t-il de feutres bleus ?**

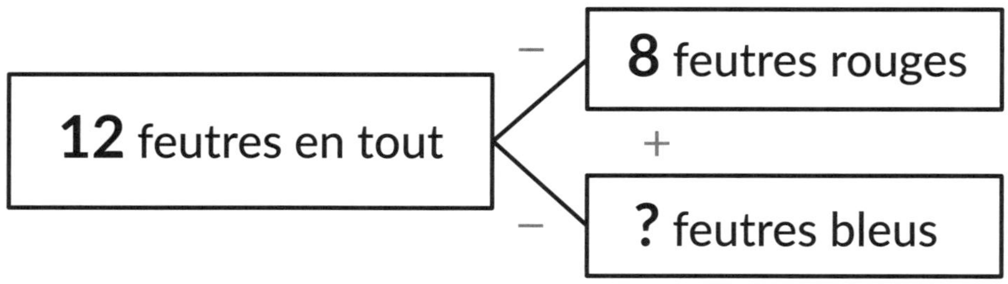

Dans ma trousse, il y a 8 feutres rouges. Mon copain en a 4 de plus. **Combien a-t-il de feutres ?**

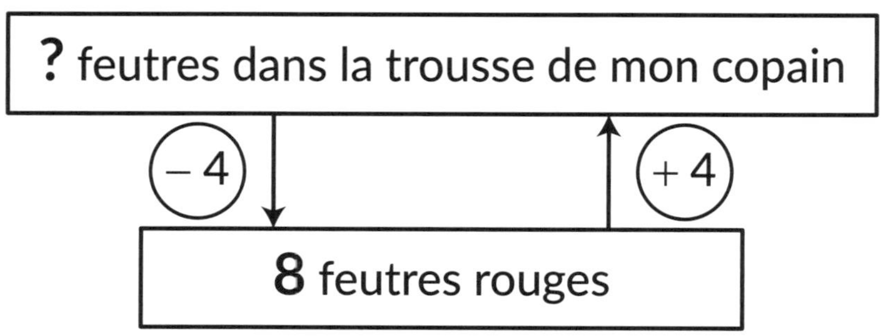

Dans ma trousse, j'ai ajouté 8 feutres rouges et j'ai 12 feutres maintenant. **Combien de feutres avais-je avant ?**

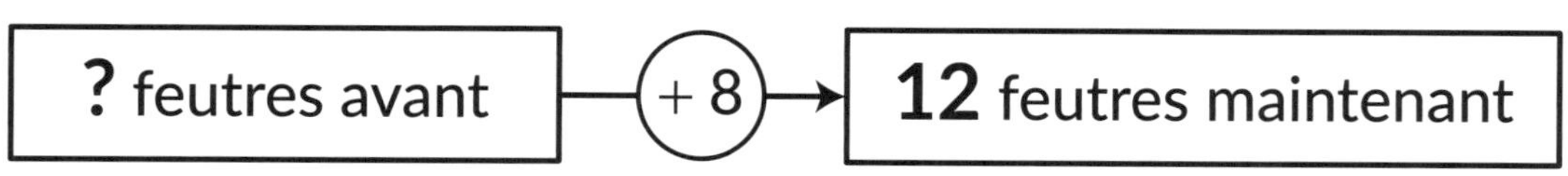

Dans ma trousse, j'ajoute 8 feutres rouges puis j'ajoute 4 feutres bleus. **Combien ai-je ajouté de feutres ?**

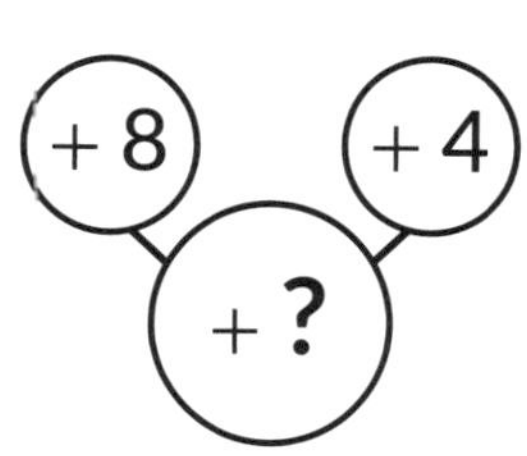

1

Néron utilise un seau contenant $5\frac{5}{10}$ litres d'eau pour éteindre un feu.
Il utilise 12 seaux et ses amis César et Auguste l'aident en utilisant chacun le double.

Combien de litres d'eau ont-ils utilisés ?

Calcul et/ou schéma :

Phrase réponse :

2

Quel est le périmètre extérieur ?
Quel est le périmètre intérieur ?
Quelle est l'aire de la zone colorée ?

Calcul et/ou schéma :

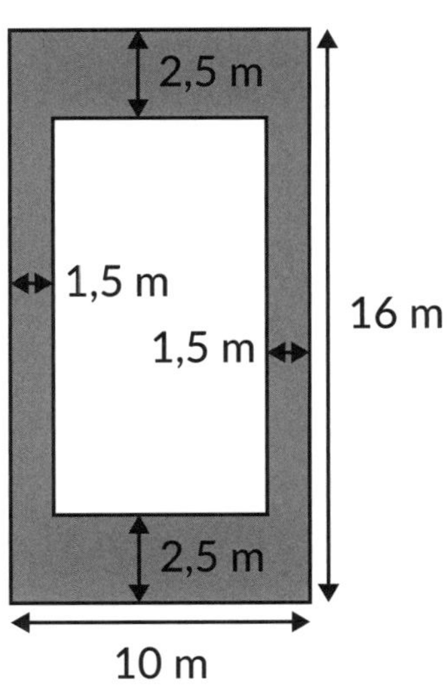

Phrase réponse :

3

Dans un jeu de culture générale il y a 900 questions.
Albert réussi à répondre à 83 % des questions.

À combien de questions a-t-il échoué ?

+ − × ÷

Calcul et/ou schéma :

Phrase réponse :

4

Chaque semaine, Noah mange 5 déjeuners à la cantine.
Il paye 4,70 € le repas.
Le samedi et le dimanche il paye 7,50 € son déjeuner.

Quel est le prix total de ses déjeuners sur une semaine ?
Quel est le prix moyen de ses déjeuners sur une semaine ?

+ − × ÷

Calcul et/ou schéma :

Phrase réponse :

5

Ce pavé mesure 54 cm de long, 28 cm de large et 18 cm de haut.

Combien de cubes de 2 cm de côté peut-il contenir ?

+ − × ÷

Calcul et/ou schéma :

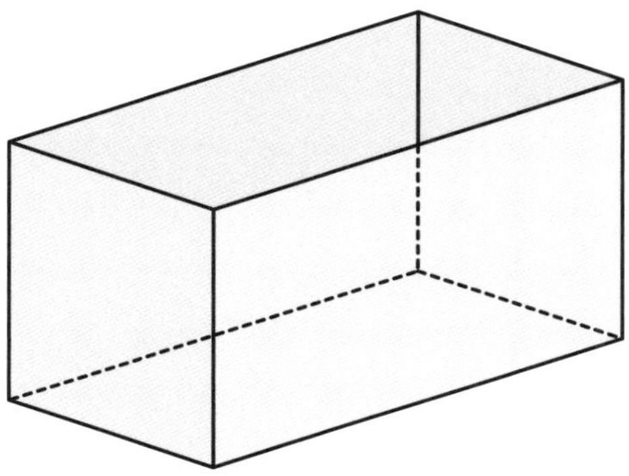

Phrase réponse :

6

Midas a 2 000 € sur son compte en banque.
La banque lui verse 5 % d'intérêts chaque année.

Quel est le montant des intérêts au bout d'un an ?
Combien d'argent aura-t-il en tout au bout d'un an ?
Au bout de 2 ans ?

+ − × ÷

Calcul et/ou schéma :

Phrase réponse :

7

Un réservoir d'eau mesure 70 cm de long par 46 cm de large et par 25 cm de haut.

Combien de litres d'eau faut-il pour remplir le réservoir ?
Si une canalisation débite 14 litres d'eau en une minute, combien de temps faudra-t-il pour remplir ce réservoir ? (1 litre = 1 000 cm^3)

Calcul et/ou schéma :

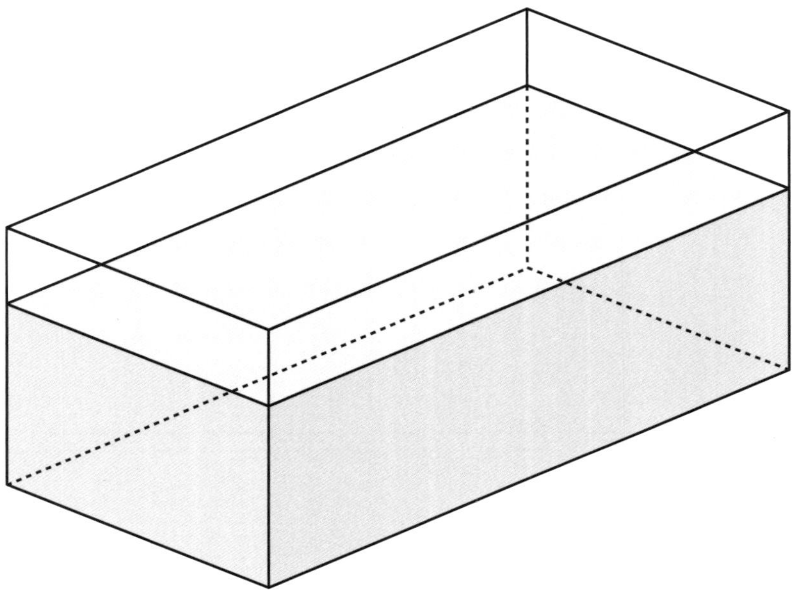

Phrase réponse :

8

L'aire de la partie grise représente le tiers de l'aire du rectangle.

Quelle est l'aire de la partie blanche ?

Calcul et/ou schéma :

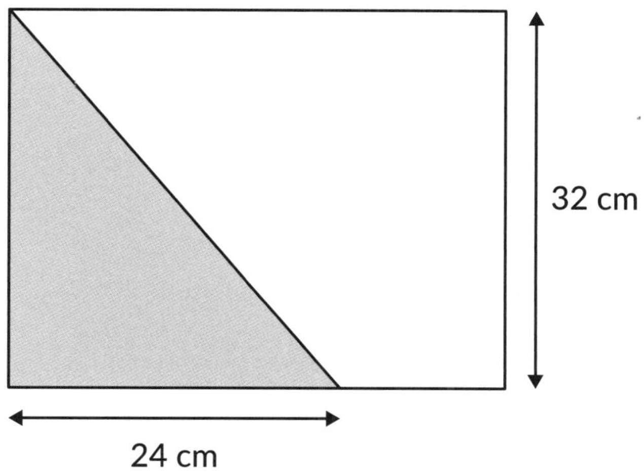

Phrase réponse :

9

Un magasin de cadeaux vend 8 vases et 4 portefeuilles pour 740 €.
Heureusement nous savons qu'un vase coute 40 € de plus qu'un portefeuille.

Quel est le prix d'un vase ?

Calcul et/ou schéma :

Phrase réponse :

10

Tibère dépense les $\frac{9}{15}$ de son argent de poche lors du premier mois des vacances estivales.
Lors du second mois il dépense $\frac{1}{3}$ de ce qui lui restait.

Il a dépensé en tout 110 €, combien lui reste-t-il d'argent ?

Calcul et/ou schéma :

Phrase réponse :

11

Dans une école de 450 élèves il y a : 22 % des élèves en CP, 24 % en CE1, 18 % en CE2, 20 % en CM1 et 16 % en CM2.

Combien y a-t-il d'élèves dans chaque niveau ?

Calcul et/ou schéma :

Phrase réponse :

12

Un carré à une aire identique à celle du triangle ci-dessous.

Quel est son périmètre ?

Calcul et/ou schéma :

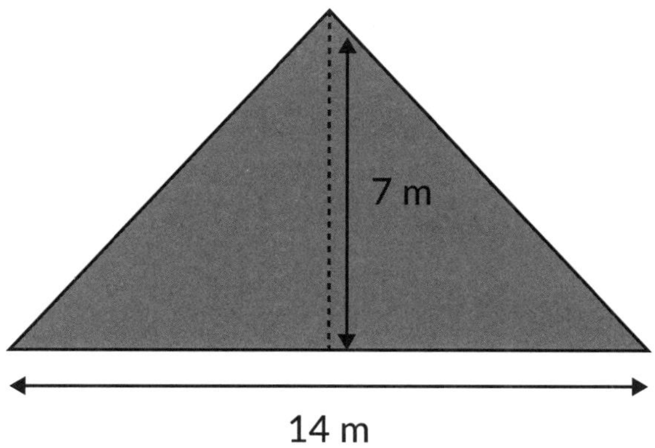

Phrase réponse :

13

Ménélas a $\frac{10}{12}$ des économies d'Ulysse. Ménélas dépense 1 600 € pour rénover sa cuisine et il a désormais $\frac{1}{2}$ des économies d'Ulysse.

Quel est le montant des économies d'Ulysse ?

Calcul et/ou schéma :

Phrase réponse :

14

Une piscine à la forme ci-dessous et sa profondeur maximale est de 3 m. La hauteur d'eau actuelle est de 2,20 m.

Quel est son périmètre ?
Quelle est l'aire de cette piscine ?
Quel est le volume d'eau actuel de cette piscine ?
Quel est le volume maximal d'eau de cette piscine ?
Si le volume est de 84,6 m³, quelle sera la profondeur de l'eau ?

Calcul et/ou schéma :

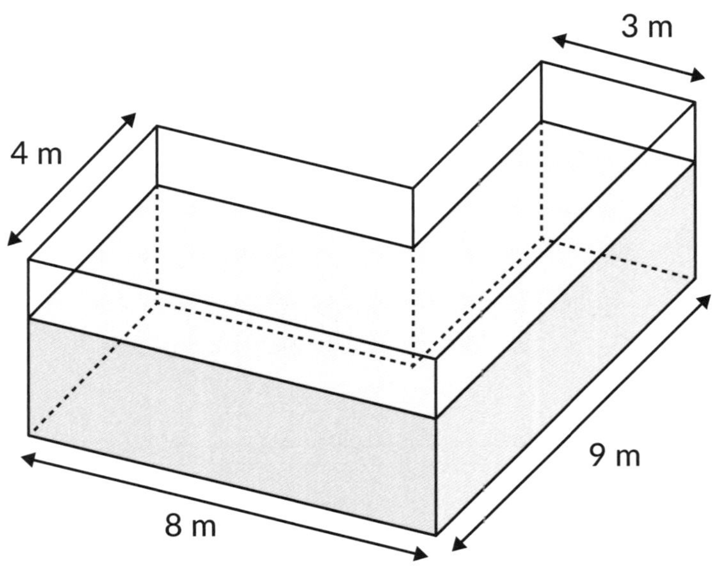

Phrase réponse :

CHAPITRE 17

Résolution de problèmes

Dans ma réserve de vêtements il y a 2 pantalons différents et 3 pulls. **Combien de tenues différentes puis-je former ?**

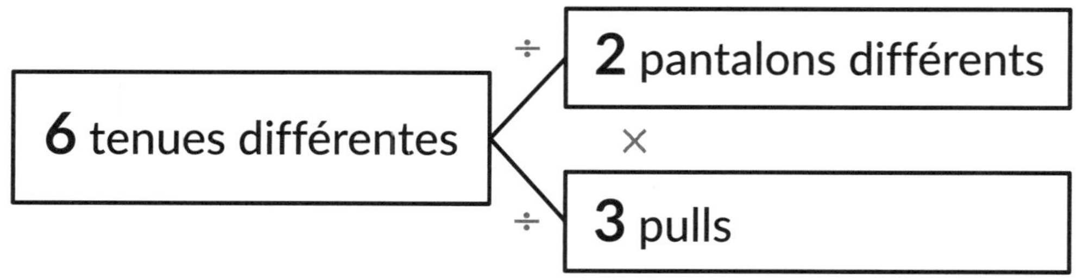

Dans ma trousse, il y a 8 feutres rouges.
Mon copain en a 4 fois plus. **Combien a-t-il de feutres ?**

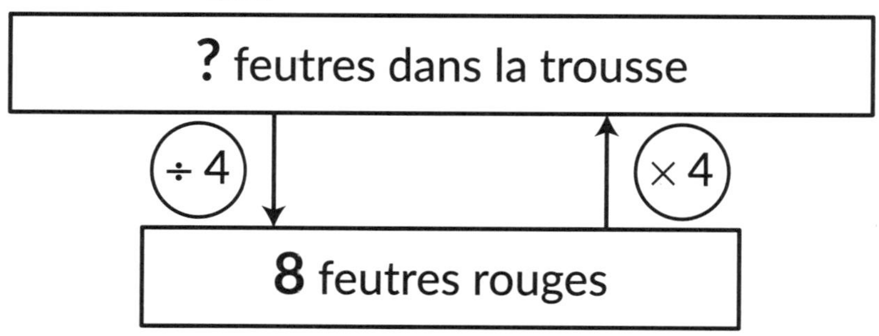

Sur une tablette de chocolat il y a 4 carrés sur la longueur et 3 carrés sur la largeur. **Combien de carré y a-t-il ?**

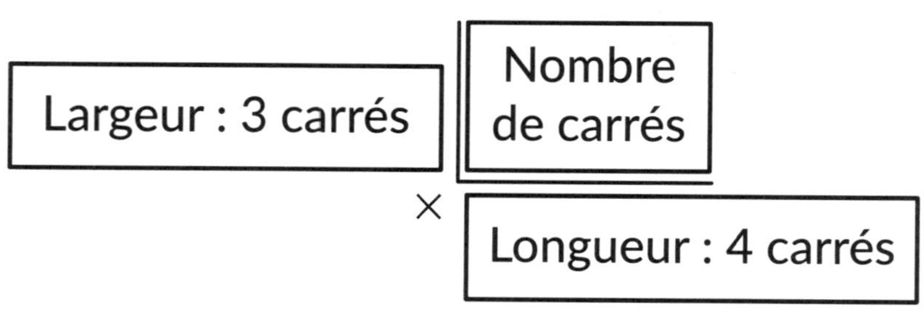

Dans 1 sac il y a 5 billes.
Dans 3 sacs il y a combien de billes ?

1 sac de billes	**5** billes dans **1** sac
3 sacs de billes	**15** billes dans **3** sacs

$3 \times 5 = 15$

$15 \div 3 = 5$

$15 \div 5 = 3$

1

Le tableau ci-dessous a été partiellement effacé.
Il indiquait les quantités d'ingrédients nécessaires pour confectionner une tarte aux fraises.
Il y avait les proportions pour différents nombres de personnes.

À partir de la recette pour 8 personnes, complétez toutes les cases vides du tableau.

\+ − × ÷

Calcul et/ou schéma :

Ingrédients	Pour 8	Pour …	Pour …	Pour …
Farine (g)	200			
Œufs	4	2		
Beurre (g)	150			
Sucre (g)	100		200	
Fraises (g)	300			450

Phrase réponse : Pas de phrase pour ce problème.

2

L'équipe d'athlétisme du collège est composée de 18 élèves,
8 garçons et 10 filles.
Le budget total pour l'équipement de l'équipe est de 695 €.

Combien de ballons l'équipe peut-elle acheter ?

+ − × ÷

Calcul et/ou schéma :

Phrase réponse :

3

Un tailleur répond à une commande et réalise 7 douzaines de chemises. Son couturier a besoin de 9 jours pour réaliser ce travail. Il sera payé 72 € par jour.
Une chemise nécessite 3 m de tissu à 4,70 € le mètre et le reste du matériel (fil, boutons, colle, etc.) coute 99,60 €.

Quel sera le cout total de cette commande ?
Quel sera le cout de revient d'une chemise ?

+ − × ÷

Calcul et/ou schéma :

Phrase réponse :

4

Julius et Dina ont travaillé dans un restaurant pendant le mois de juillet pour payer leurs vacances. Ils ont donc reçu le même salaire. Julius était payé 9,25 € de l'heure et Dina 9,75 € de l'heure. Julius a travaillé 156 heures et Dina a travaillé 8 heures de moins que Julius au mois de juillet.

Quel était leur salaire ?
Combien d'heures par semaine travaillaient-ils ? Si Dina avait travaillé autant que Julius, quel aurait été son salaire mensuel ?

+ − × ÷

Calcul et/ou schéma :

Phrase réponse :

5

Madame Gothra souhaite carreler son salon de 45 m² avec des carreaux noirs et blancs. Les carreaux sont vendus dans des boites à 14,95 € pièce. Une boite permet de couvrir 1,25 m². La colle est vendue par sac de 15 kg au prix de 16 €. Un sac de colle permet de couvrir 3 m². Le carreleur est payé 28 € le m².

Combien de carreaux seront utilisés ?
Quel sera le cout du matériel et le salaire du carreleur ?
Quel sera le cout de revient total ?

\+ – × ÷

Calcul et/ou schéma :

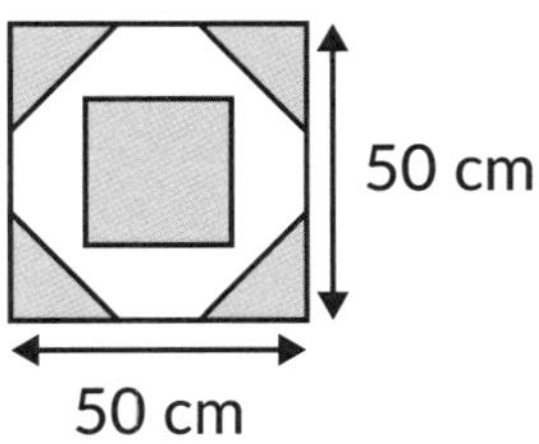

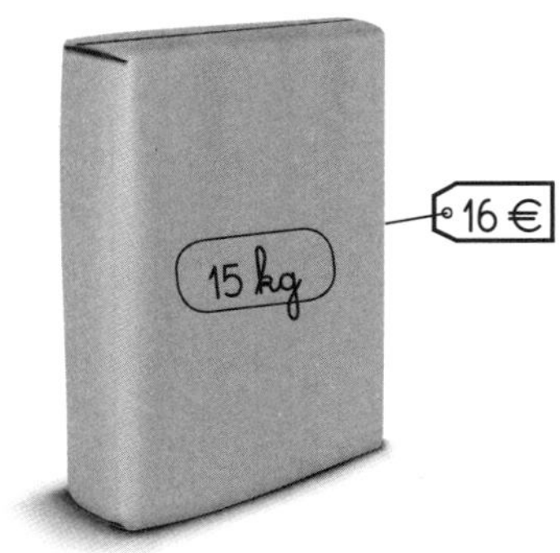

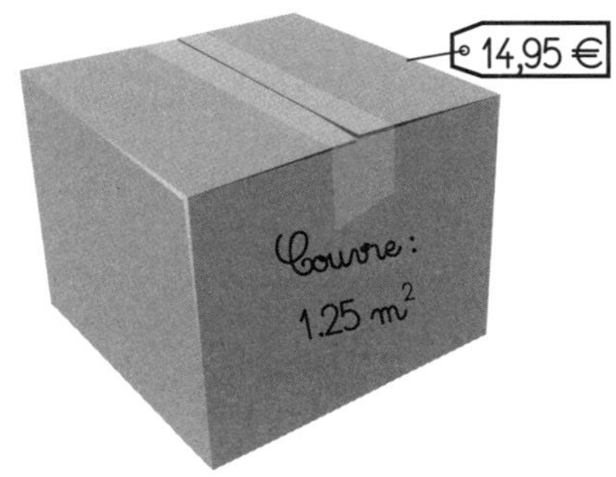

Phrase réponse :

6

Un œuf d'autruche est équivalent à dix-huit œufs de poule.
Si quatre œufs de poule permettent de réaliser une omelette pour trois personnes :

Combien faut-il d'œufs d'autruche pour réaliser une omelette à destination de 54 personnes ?

L'Æpyornis était un oiseau géant dont les œufs avaient un volume 7 fois supérieur à celui des œufs d'autruche.

Combien de personnes pouvaient être nourries avec 2 œufs d'Æpyornis ?

+ − × ÷

Calcul et/ou schéma :

Æpyornis

Autruche

Poule

Phrase réponse :

7

Jacob et Léo font construire leur maison au bord d'un lac. L'entreprise de terrassement va devoir acheter le béton, creuser le sol pour les fondations puis poser les fondations. Il faudra 12 h 30 de travail aux ouvriers pour creuser le sol. Les fondations sont des piliers en béton, enfoncés dans le sol. Il faudra 5 rangées de 8 piliers en béton avant de commencer la construction.

Quel sera le cout total des travaux de terrassement pour Jacob et Léo ?

Calcul et/ou schéma :

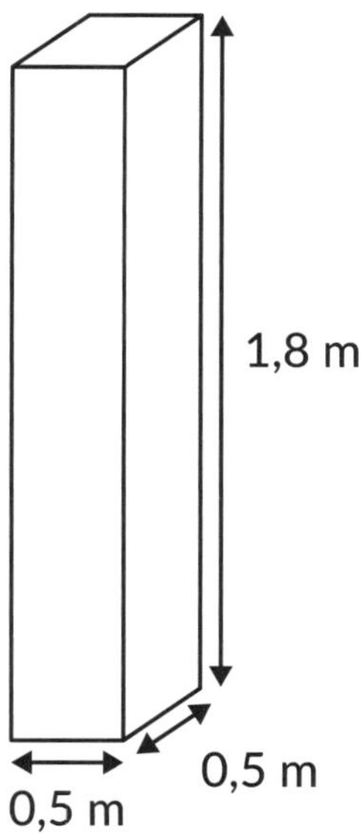

Pilier de fondation

Sac de béton

87 €/m³

Main-d'œuvre

35 €/m³ de béton coulé.
30 €/heure pour creuser les fondations.

Phrase réponse :

8

Balthazar a réalisé ci-dessous un plan simplifié de sa chambre.
Il a indiqué la longueur, la largeur et la hauteur.
Il a aussi indiqué les mesures de la porte d'entrée et de la fenêtre.
Il n'a pas dessiné les 4 murs mais juste ceux qui ont une ouverture.
Balthazar a réalisé ce plan car il compte repeindre tous les murs.
La peinture est vendue par pot de 2 litres au prix de 8,95 € le pot.
1 litre de peinture couvre 7,7 m². Il passera 2 couches de peinture.

Quelle somme dépensera-t-il pour repeindre sa chambre ?

Calcul et/ou schéma :

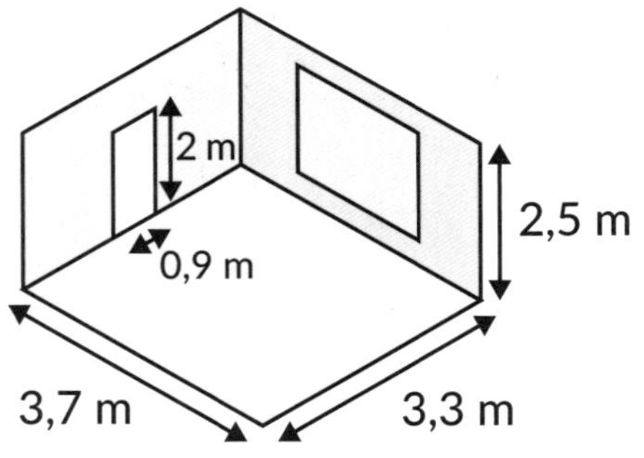

Chambre

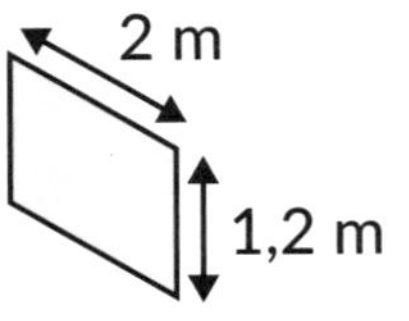

Fenêtre

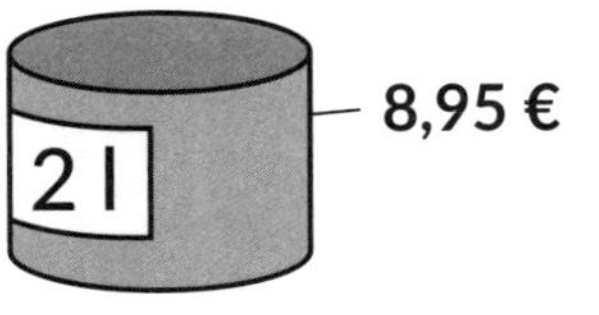

Pot de peinture

Phrase réponse :